▶国家社科基金优秀项目◀

科技管理伦理导论

戴艳军 著

人民出版社

责任编辑：陈寒节

责任校对：湖　催

图书在版编目（CIP）数据

科技管理伦理导论/戴艳军　著：

－北京：人民出版社，2005.12

ISBN 7 - 01 - 005324 - 3

Ⅰ．科... Ⅱ．戴... Ⅲ．科学技术管理 - 伦理学　Ⅳ．G311 - 05

中国版本图书馆 CIP 数据核字（2005）第 153921 号

科技管理伦理导论
KEJI GUANLI LUNLI DAOLUN

戴艳军　著

人民出版社 出版发行

（100706　北京朝阳门内大街 166 号）

北京新魏　印刷厂印刷　新华书店经销

2005 年 12 月第 1 版　2005 年 12 月北京第 1 次印刷

开本：710 毫米×1000 毫米 1/16　印张：12. 5

字数：182 千字　印数：1 - 3000 册

ISBN 7 - 01 - 005324 - 3　定价：25. 00 元

邮购地址：100706　北京朝阳门内大街 166 号

人民东方图书销售中心　电话：(010)65250042　65289539

目　录

科技管理伦理导论

1 导　论

1.1　问题的提出、界定与研究的意义

1.1.1　科学技术活动的双重后果对管理与伦理提出的问题

当今科学技术、尤其是技术的发展，用"日新月异"、"突飞猛进"、令人"眼花缭乱"等词汇描述绝不过分。并且，这种前进的速度，还在分分秒秒地加快。与此同时，伴随科技活动及其成果向人类政治、经济、文化以至人类生存和生命延续方式等领域渗透，战争、贫困、环境污染、生态危机、资源浪费、未来恐慌和末日心态等一系列日益严重的社会问题接踵而至，迫使人们对科学技术的社会功能重新定位，对人类管理和应用科学技术的态度和方式进行理论和实践上的反思。

分析 20 世纪以来科技活动所带来的负面影响的原因，笔者认为主要来自两个方面：一是科技管理的伦理缺失，二是科技伦理的管理失控。科技管理的伦理缺失是指科技管理目标的单一经济效益导向，亦即科技管理中出现的技术决定论倾向。一般而言，所谓科技管理是指科技管理主体"运用管理理论中的计划、组织、指挥、协调和控制等职能，充分发挥管理者和其他管理要素的作用，以实现科学研究、技术开发及其推广应用目标的科技活动"①。其中"科学研究、技术开

---

① 邓心安，王世杰. 现代科技管理[M]. 北京：经济管理出版社，2002.18

发及其推广应用目标"是关键。由于科学技术与生俱来的实用性价值和地位，特别是近代以来以"追求效益最大化"为目标的、建立在市场经济基础之上的科技管理，使得人们无论是对科学、技术概念的界定①，对科学技术的社会功能（社会价值）的认识和态度，还是科技管理目标的确定等方面，都渗透了实用功能和经济效益的价值取向。这种单一价值取向的结果是，在一些人眼里，科学技术成为人类向大自然索取恩惠，以满足自身无限膨胀的物质欲望的工具，甚至出现了技术决定论的倾向。例如，当前科学技术被理直气壮地作为促进经济发展的决定因素和表征综合国力的重要指标，日益成为国家竞争、经济效益、企业利润、消费主义的工具，导致伴随科学技术的发展出现了人、自然和社会关系的不协调现象。有鉴于此，人类开始反思自己对自然的态度，反思对自身能力的掌控和限度，反思什么是科技管理的"善"及其价值导向等管理伦理问题。

科技伦理的管理失控是指科技伦理所提出的科技发展的价值目标没有找到付诸实践的途径。科技伦理是科技活动的主体在科技活动中所应遵循的道德规范以及在科技成果的应用中所应承担的道德责任。20世纪下半叶以来，伴随科技双重社会效应的出现，哲学和科技哲学都发生了研究任务的伦理转向，各种科技伦理研究的学派林立，人文主义思潮、法兰克福学派、后现代主义以及西方马克思主义等，都为诠释、解决科技发展与伦理道德的冲突开出了种种药方。例如，提出了科技管理目标的人本化、生态化、效能化等多元化的价值目标和可持续发展等富有伦理关怀的科技管理理念，加强了对技术成果社会应用的伦理评估，建立了高科技领域的伦理委员会，扩大了科技决策的公众监督，加强了科技道德教育等等。但是，迄今，仍然没有找到一个完整的把科技伦理理念化作科技管理实践的运作机制，使科技伦理在科技管理中出现"两层皮"现象，无力阻止社会上各种科学研究违规和技术成果滥用的现象。因此，当前科技发展的困境以及克服科

① 孙孝科. 科学技术传统界定的伦理缺失与修正[J]. 科学技术与辩证法，1999，3：48—50

技社会应用负效应的主要问题，不是没有先进的伦理理念，也不是没有科学的管理方法，而是缺乏两者之间的协调统一，实质上是科技管理的伦理失控和脱轨。

上述问题提出了科技管理与科技伦理交叉研究的必要性和紧迫性。当前科技管理、科技伦理和管理伦理等科学学、管理学和伦理学的分支领域的建立，为这种交叉研究奠定了可能性基础。因此，从伦理学的角度研究科技管理的价值、意义、目标及其实现，从管理学的视角研究科技伦理的实现机制和途径，借鉴管理伦理研究的理论和方法，开展科技管理伦理研究，对于为科技管理确立经过反省的伦理价值导向，为科技伦理找到付诸现实的实践途径，实现两者的双向接轨，从而推动科学技术全面、协调、可持续发展具有重要理论和现实意义。

这里需要指出的是，科技管理伦理不是科技管理与科技伦理的简单叠加和人为建构，而是科学技术发展趋势的客观要求和人们对科技活动规律认识深化的表现，它是科技管理与科技伦理在管理伦理化要求的基础上的有机融合。应当说，科技活动引发的伦理问题，彰显了人类科技管理活动中的伦理缺失，提出了科技管理不仅要遵循科学规律追求效率，而且要遵循伦理原则满足人的价值的时代要求。同样，科技伦理问题的泛化及其实践能力的匮乏，导致人们对科学技术给人们开辟的未来充满悲观失望的情绪和莫衷一是的心理恐慌，从而提出了寻找科技伦理现实化的实施途径问题。实质上，这些科技管理中的伦理问题和科技伦理中的管理问题，都是科技活动中科学与价值的分裂造成的管理与伦理脱节的问题。科技管理伦理是将依据科学原则追求效率的科技管理与依据价值原则追求和谐的科技伦理有机地结合起来，对科技活动所进行的伦理化管理。因此，在管理学的视野中认识科技伦理问题，就要进行科技管理伦理交叉研究。而所谓科技管理伦理就是在遵循科技活动客观规律的基础上，按照科技活动的价值规律和伦理原则所进行的管理，或者说在科技伦理中运用管理职能开展的管理化伦理实践，或者说是管理伦理理论和方法在科技活动领域中的应用。总之，科技管理伦理与科技管理、科技伦理具有共同的研究领域，面临共同的现实问题，但是，研究对象和任务是有明显的区别的。科技管理伦理是科技管理的伦理化也是科技

3

伦理的管理化，它既回答科技活动中的伦理问题，也回答科技管理中的伦理问题；既回答科技活动和科技管理的价值体系和伦理原则问题，也回答如何将这些观念和原则贯穿于科技活动和科技管理过程中去的问题，因此，它是科技活动和科技管理主体所遵循的伦理准则和贯彻这些准则的伦理化管理实践。

1.1.2 几个基本概念的界定

如前所述，本研究的目的在于进行科技管理伦理理论的建构与应用研究。由于科技管理伦理研究是一个与科技管理、科技伦理与管理伦理三个领域相关的交叉研究领域，因此，在界定科技管理伦理的概念之前，有必要对科技管理、科技伦理、管理伦理三个基本概念进行一番考察和界定。

科技管理作为科技管理学的研究对象，学界对其概念的界定和理解主要分为两种类型。一种是从对科技活动的管理功能出发，把科技管理定义为"对科学技术的管辖、控制与治理，是科技活动过程中，所有计划、组织、指挥、协调、控制等管理功能的统称。"[1]从这种定义出发，人们把科技管理作为一个管理学的应用领域，认为科技管理"一方面是管理理论和技能应用于科技活动的实践；另一方面是科技活动作用于管理理论新的概括和总结。"是"运用管理理论中的计划、组织、指挥、协调和控制等职能，充分发挥管理者和其他管理要素的作用，以实现科学研究、技术开发及其推广应用目标的科技活动"[2]；另一种类型是从科技管理的外延和层次上把科技管理定义为"国家对科技事业的整体管理，包括制定科学技术方针政策，确定科研体制和布局，制定长远科学技术发展规划等，一般称之为宏观管理。对科研单位的具体管理，一般称之为微观管理。"[3]"是对整个科学技术活动

---

① 孙岗主编. 科技管理学[M]. 北京：中国对外经济贸易出版社，1997. 35
② 邓心安，王世杰. 现代科技管理[M]. 北京：经济管理出版社，2002. 18
③ 关西普，汤步华主编. 科学学[M]. 杭州：浙江教育出版社，1985. 109

的组织和管理工作的总称"①等等。无论是从内涵还是从外延的角度，都涵盖了"科技活动"和"管理功能"两大要素，因此，本研究将科技管理的概念界定为：科技管理是科技管理主体对科技活动中人财物等资源进行分配、决策、组织、控制以取得更大的经济效益的过程。这样界定在原来的基础上突出了科技管理的本质和目标，即通过对科技活动的有效管理取得较大的经济效益。

科技伦理作为正在形成和发展中的科技伦理学的研究对象，对其概念的理解也存在着很大的分歧。但是，总体而言可以分为以下三种类型：第一种是从职业道德的角度出发，把科技伦理作为研究"科技工作者在科技活动中和现代科技成果中表现出来的职业道德"②；第二种认为科技伦理主要研究"科学技术和伦理道德之间的关系"，亦即"科技活动中的道德现象，它涉及科技活动的过程和结果"。包括科学技术与伦理道德的关系、科学共同体的道德规范和科学家的道德责任、当代科技前沿领域的科技伦理问题以及科技道德实践等方面的内容③；第三种是对现代科技发展对传统伦理的挑战及对策研究，如哈贝马斯的"商谈伦理"④、尤纳斯的"责任伦理"⑤、毕恩巴赫的"做还是不做"⑥、拉普的"三种模式"⑦、伦克的"责任类型"⑧等。可见，对于科技伦理这个概念，中外学者的理解有一定的差别。国内学者主要从职业伦理与伦理学在科技领域中的应用方面来理解和解决科技伦理问题，国外学者主要研究"从科学技术活动中涌现出来的、现有的法律又无明确规定的、传统道德也回答不了的问题，即科技实践与伦

---

① 艾强主编. 卓越科技管理[M]. 广州：广东经济出版社，2001.5
② 李庆臻，苏富忠，安维复. 现代科技伦理学[M]. 济南：山东人民出版社，2003.265
③ 傅静. 科技伦理学[M]. 成都：西南财经大学出版社，2002.1，15
④ 哈贝马斯. 道德意识与交流行为[M]. 法兰克福：法兰克福出版社，1983.53–125
⑤ 李文潮. 技术伦理与形而上学：试论尤纳斯'责任原理'[J]. 自然辩证法研究，2003，2：41–47
⑥ Dierte Birnbacher, Tun und Unterlassen, Stuttgart 1995
⑦ [德]F. 拉普. 技术哲学导论[M]. 沈阳：辽宁科学技术出版社，1986.33–36
⑧ Hans Lenk. Herausforderung der Ethik Dunch Technologische Macht. Zur Moralischen Problematik des Technischen Fortschritts, Zur Sozialphilosophie der Technik[M]. Frankfurt，1982.198–248

理要求的冲突，科技活动过程和结果对任何人所依赖的环境的影响。"①上述理解尽管各自的角度不同，但是，正视并试图解决当代科技发展给传统道德秩序带来的冲击，反思科技应用的双重社会后果，试图为这种冲突的解决找到明确的前进方向等等，这些目标都是共同的。简言之，上述科技伦理概念的基本要素有："科技主体"、"科技活动"、"伦理问题与规范"，据此本书为科技伦理所下的定义为：科技伦理是科技活动主体，运用伦理原则与规范调节科技活动过程及成果的社会应用，以达到使科学技术造福人类目的的价值观念体系和道德实践活动。这个概念突显了科技伦理的本质以及运用伦理价值观念对科学技术健康发展进行导向和规范的功能。

管理伦理学是"研究人类各种管理活动中的道德现象的科学。企业管理伦理学则是研究企业在一切经营管理活动中的道德现象的科学。它是以管理学作为基本理论框架，用伦理学的观点来分析管理理论的正确与否、管理行为的道德与否，并构成自己的理论体系。"②作为一门应用性很强的交叉学科，主要研究的问题有"管理与伦理的关系"、"企业等法人组织行为中的道德涵义、道德影响"、"管理者与被管理者行为中的道德内涵"等。又有"管理伦理学是一门管理学与伦理学交叉而形成的应用伦理学。它研究管理与伦理的关系、管理伦理的本质、构成及功能、管理伦理的历史运行轨迹和其在现实管理活动中的运行状况、管理伦理的价值规范体系、管理伦理的实现机制及管理者的人格塑造等重要理论问题和实践。"③可见管理伦理是管理伦理学的研究对象，它是在管理伦理化与伦理管理化的交叉理论研究与实践经验总结的基础上形成的理论体系，对于各个具体领域的管理伦理实践具有普遍指导意义。

科技管理伦理研究作为科技管理与科技伦理交叉研究领域，或一般管理伦理理论在科技管理实践中的应用，则涵盖了科技管理、科技伦理

---

① Wenchao Li and Hans Poser (eds.) Sino – German Discussion on Ethics in Science and Technology. Muenster[M]，Hamburg，Berlin，London，LIT Verlag，2005. 62
② 苏勇. 管理伦理学[M]. 上海：东方出版中心，1998. 39－40
③ 唐凯麟，龚天平. 管理伦理学纲要[M]. 长沙：湖南人民出版社，2004. 2

和管理伦理研究的基本内容和基本要求。如科技管理伦理的主体涵盖了科技管理的主体以及作为科技管理对象的科技活动的主体，科技管理伦理准则也涵盖了指导管理活动的伦理准则和指导科技活动的伦理准则。总之，科技管理伦理是科技管理主体在科技管理活动中所遵循的价值理念和伦理准则，并且在这种理念和准则指导下所开展的管理实践——进行伦理决策、制定伦理守则、建构伦理组织、实施伦理控制、加强伦理领导等理论与实践相结合的活动，以实现科学技术的可持续发展。它是科技管理伦理化和科技伦理管理化内在要求的有机统一。

由此可见，科技伦理与科技管理伦理是两个既有内在联系又有显著区别的概念。从联系的方面来说，科技伦理与科技管理伦理都是规范和调节人们与科技活动相关的行为的伦理观念和道德规范体系，都属于与科技活动相关的意识形态和实践精神的范畴。但是，二者的内涵和外延是不同的。主要表现在以下五个方面：（1）调节对象不同。科技伦理的调节对象是科技活动中人与人之间的道德关系，并且通过对这种道德关系的调节来协调人与自然的关系，直接对象是人与人之间的道德关系，间接对象是人与自然之间的道德关系；科技管理伦理的调节对象是科技活动过程中与管理目标和价值取向相关的人与人之间的道德关系，如管理者与被管理者以及与利益相关者的关系等，而非与科技管理无关的个体科技道德活动；（2）调节目标不同。科技伦理是为了通过反思科技活动及其后果带来的种种伦理问题，把科学技术作为一种社会文化现象来认识，从而端正人们对待科学技术的态度；科技管理伦理则是为了通过对科技管理活动的伦理导向和规范，达到正确指导人们的管理实践活动的目的；（3）包含内容不同。科技伦理主要包括提出在科学技术上能做的事情，人们应不应该做及其理由和行为原则，科技管理伦理则除此之外还要保证这些伦理准则贯彻到科技管理的过程中去，发挥对科技管理的导向作用；（4）调节方式不同。科技伦理强调从伦理观念上端正人们的认识，从哲学层面上解决问题；科技管理伦理强调从管理实践上调节人们的行为，从操作层面上解决问题；（5）调节的主体不同。科技伦理的主体是科技活动的主体和参与者，包括科学家、工程师以及科技产品的生产和使用者等，他们作为科技活动的承担者运用一定的价值观念和道德准则自觉的调整自己以及与他人之间的伦理关系，以实现与自然之间协调发展的目标；科技管理伦理的主体主要是科技管理者，他们将一定的伦理价值观念用于科技管理活动的计划、组织、协调、控制过程之中，以实现科技活动的效率目标和价值目标协调发展。可见，科技伦理与科技管理伦理既有区别又有联系，科技管理伦理是管理学视野下的科技伦理，科技伦理是伦理学视野下的科技管理。

1.1.3 科技管理伦理研究的学术价值与现实意义

科技管理伦理研究，搭建了科技管理、科技伦理与一般管理理论之间的理论研究平台，对于探索以科技管理伦理为对象的一个跨学科领域，解决那些各个分支学科单独解决不了的人与自然、与社会双重和谐的复杂问题，具有理论与现实意义。主要表现在以下三个方面：

（1）有助于在科技管理过程中发挥伦理调节的作用，实现伦理化管理。科技管理运用伦理规范对科学技术活动进行调节，不仅要通过管理制度和规范发挥对科技活动主体的外在约束作用，而且要通过调动他们的内在情感机制实现科技管理的伦理目标。伦理规范是以人与人之间的利益关系为调节对象的，科技管理中伦理调节，主要是调节管理者与被管理者之间、管理者之间、被管理者之间以及与某种科技活动利益相关的人之间的利益关系。科技管理发挥伦理规范的道德调节作用，主要是发挥对科技管理目标的价值导向作用、对科技管理主体的道德约束作用和对科技管理主客体的内在激励作用。首先，对科技管理的价值导向作用，是指确立全面合理的科技管理目标价值体系，如可持续发展、绿色科技、人文科技等理念，为科学技术的健康发展确立明确的价值导向。因为在科技管理活动中，管理者总是按照自己所理解和认同的文化系统、道德信念、伦理原则来对资源进行配置，使资源格局朝着期望的方向发生变化，正如美国管理学家麦格雷戈（Douglas M. Mc Gregor，1906－1964）所说的"最高主管的伦理品质是管理哲学的中心内容"，他指出："影响一个最高主管决策品质优劣之因素，在于他本人管理哲学前进或守旧的程度。所谓管理哲学是指事业最高主管为人处事的基本信仰、观念及价值偏好。"①其次，对科技管理主体的道德约束，是指以一定科技伦理价值目标为导向的伦理规范，能够内化为道德主体内心的道德命令，从而对科技管理者的行为发挥内在制约作用；第三，对科技管理主客体的激励作用，是指通过以一定伦理规范为标准的科技管理行为做出善恶褒贬的道德评价，可以激发科技管理主客体的道德责任感。

（2）有助于运用管理的手段和方法解决科学技术与伦理道德的冲突，推动伦理管理化。科学技术与伦理道德的冲突，从来没有像现在这样为世人所瞩目。一方面表现为科学技术对传统伦理道德提出的挑战，另一方面表现为新的伦理价值观念对科学技术的"祛魅"和质疑。科技伦理致力于通过研究科学技术与伦理道德之间的辩证关系和相互作用规律，对科技工作者的科技活动进行价值导向和道德约束，以实现科学技术造福社会的功能。但是，现代科学技术的发展，已经不是靠科技工作者的兴趣或者职业道德能够决定科学选题、技术应用以及科技产品规模化生产的时代，而是国家战略、政府目标、市场机制和投资者意向综合发挥作用、决定科学技术取舍和未来命运的"大科学"时代。科学技术工作者在这个巨大的科学技术系统中所能够发挥的作用尽管是至关重要的，但却是有限的。科技伦理问题的辨析及其价值导向功能尽管是重要的，但却不足以从现实上解决科学技术与伦理道德之间的冲突。因此，引入以科学决策为依据，以组织制度为依托，以外在约束为特征的管理方法和手段，从科技管理的角度支撑和强化科技伦理的调节效果，把科技伦理的观念与原则渗透于科技管理的决策、组织和控制的诸多环节中去，建立科技伦理与科技管理相互融合的调节机制，才能从理论和实践的结合上调节科技发展给人与自然与社会带来的伦理冲突。

① ［美］丹尼尔 A. 雷恩. 管理思想的演变［M］. 赵睿等译. 北京：中国社会科学出版，2000. 479 － 481

(3)有助于解决那些科技管理和科技伦理各自单独解决不了的人与自然和人类社会内部之间的双重协调问题。如前所述，科技管理的伦理缺失和科技伦理的管理失控，导致了科学技术为中介的人与自然和人类社会内部之间关系的双重失调。例如当前核科学和技术，加剧了对人类生存的环境的威胁，同时加剧了国家之间的核竞争、核威胁、核霸权；基因和克隆技术不仅给人类自身生产及安全带来隐患，而且成为人类社会新的不平等的渊薮。从某种程度上来说，只有加强科技管理的伦理调节，加强科技伦理的管理控制，上述科学技术发展"双刃剑"效应带来的人与自然、人与人之间的紧张关系才会得到有效地缓解。因此，科技管理伦理化的趋势和科技伦理管理化的要求，从理论和现实两个方面证实了科技管理伦理研究的学术价值。引入伦理来软化科技管理的非人本化倾向，引入管理来有效地化解科学技术与伦理道德之间的冲突，应当说开拓了解决科技管理和科技伦理问题的新的理论和实践的空间，具有新的、重要的学术价值。

综上所述，科技管理伦理研究的尝试，对于科技管理理论的创新和发展，对于指导当前的科技管理伦理实践，对于自然科学与人文、社会科学的交叉融合，对于科技管理政策制定和改进具有现实意义。科技管理的社会化、全球化和信息化等趋势，要求科技管理在不同的地区、国家、民族之间有充分的交流和合作，科技管理伦理研究能够为在全球确立科学的科技发展观，致力于不断改善科技发展带来的人类生存空间的危机做出应有的努力，为实现我国的可持续发展战略以及科教兴国战略，走新型工业化发展道路提供政策参考和决策依据。

1.2 国内外研究现状评述

1.2.1 关于科技管理

笔者运用"中国学术期刊全文"数据库，用"科学技术管理"为检索词，以"篇名/关键词/摘要"为检索项，对 1994 年 1 月至 2004 年

12 月的研究论文进行检索，共命中 17531 篇。这些论文的篇数按年度分布的情况，表明国内关于"科学技术管理"的研究论文呈现总体增长的趋势，尤其是 2004 年，较 1994 年增加了 4.6 倍。可见，科技管理成为越来越引起学界关注的领域（如图 1 - 1 所示）。

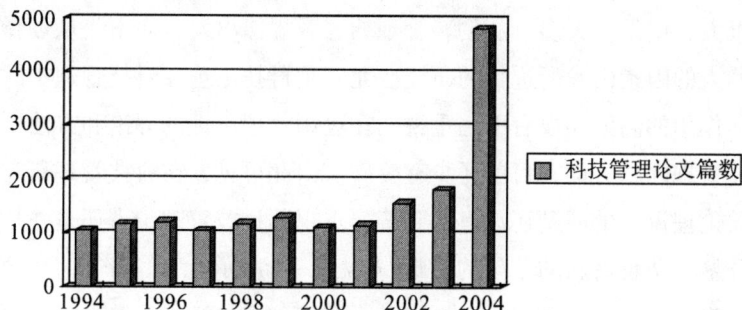

图 1 - 1　1994 - 2004 中国科技管理研究论文数量分布
（中国期刊全文数据库）

Chart 1 - 1　Quantity distribution of Chinese research papers on scitech
administration in1994 - 2004(Chinese Journal Full - text Database)

这些论文分别集中于《科学学与科学技术管理》《科学学研究》《科技与管理》《科技管理研究》等几十种刊物上。由于《科学学与科学技术管理》是科技管理领域具有代表性的中文核心期刊，按照该刊物对论文主题的分类标准，科技管理研究的内容大致分为"高新技术产业管理""信息技术管理""科研管理"等 36 个栏目（以 2004 年目录为例）①。将这些栏目按照内容相互关联的程度，聚合为"科技创新管理""高新技术产业管理""科学研究管理"等 8 个主题，其论文数量分布反映了科技管理研究的三大特征：第一，理论研究多，操作研究少。通过表 1 - 1 中可看出，"战略管理"为主题的研究论文篇数占总数的近 28%，而管理实践方面的论文则远远达不到这个水平；第二，企业研究多，政府研究少。企业科技管理研究论文的篇数差不多是政府科技管理研究论文篇数的 4 倍，如果包括其他分类中以企业为对象的论文，这个数字还会增多，表明对政府科技管理问题的重视不够；

---

① 2004 年科学学与科学技术管理杂志总目次［J］. 科学学与科学技术管理 . 2004，12

第三，对外在的因素研究多，对内在的因素研究少。全部429篇论文基本上都是针对科技管理中的硬件和环境条件（如资源、投入等）而言的，不到10篇论文涉及到科技文化管理问题。尽管当前包括知识管理在内的科技创新管理得到了普遍的重视，这方面论文数量增长幅度很大，但是，大多是从创新管理的客观规律出发，而不是从创新管理的人的因素出发所进行的研究。尤其是科技伦理在科技管理中的地位和作用的问题还没有引起重视，在运用管理伦理的理论和方法研究科技管理问题方面，目前还少有突破。由此可见，在科技管理研究中有关伦理调节的问题还没有得到普遍重视，科技管理伦理还是一片尚未开垦、孕育着新的希望的荒野（如表1-1所示）。

表1-1　2004年《科学学与科学技术管理》论文内容分类

及数量分布（根据论文总目录）

Table 1-1　Papers' content category and quantity distributionin "Theory of Science and Sci-Tech Administration" in 2004（General contents）

论文分类（8类）	科技创新管理	高新技术产业管理	科学研究管理	科学技术管理理论	政府科技管理	企业科技管理	高校科研管理	其他
包含原有栏目（共36个——根据2004年总目录）	①创新管理研究②创新研究③创新管理④创新管理论坛⑤知识管理	①高新技术产业②信息技术管理③风险投资	①科研管理②科技评价③大学评价④科学管理研究⑤理论与方法⑥科学学研究	①科技管理②发展战略③科技发展战略④人力资源⑤人力资源管理⑥区域发展⑦战略研究	①科技政策②科技政策研究③公共管理	①企业技术进步②企业管理③资本市场	①科技与教育②高教管理③高教管理研究④高教研究	①专论②专访③在国外④资料⑤探讨与争鸣
429篇	85	23	72	117	16	63	31	22

上述趋势和特征，以"科学学与科学技术管理"为"刊物名称"的检索词，运用"中国学术期刊全文数据库"检索，可以得到进一步证实。例如，分别用表1-1中关于科技管理论文分类中得到的8个方面的"主题词"作为全文项目的检索词进行高级检索，得到表1-2。

表 1-2　2004 年《科学学与科学技术管理》论文内容分类及数量分布

Table 1-2　Papers' content category and quantity distribution

in "Theory of Science and Sci-Tech Administration" in 2004

论文分类	创新管理	高科技产业	科学研究	战略研究	政府管理	企业管理	高校管理
命中论文篇数	28	16	99	32	15	82	8

从中可见论文篇数分布的趋势，验证了表 1-1 的统计分析的结论。再用"科技伦理"或"科技道德"作为论文全文项目的检索词，对 1994-2004 年十年间的《科学学与科学技术管理》杂志进行高级检索，共命中 9 篇论文，说明相对于数以万计的科学技术管理论文而言，科技管理中的伦理问题的研究还相当薄弱，差不多还是一个盲点，并且这些论文的内容多集中于科研队伍的职业道德建设方面，没有从科学技术与伦理道德作为社会子系统的相互作用以及与政治、经济等其他子系统的复杂关系上进行研究，这方面的研究还需要给予更多的关注。

1.2.2　关于科技伦理

关于国内科技伦理的研究状况。采用"中国期刊全文数据库"，以"科学技术伦理"为"篇名/关键词/摘要"的检索词，对 1994-2005 年 3 月之间发表的论文篇数进行初级检索，命中 749 篇论文，1994 年-2004 年发表论文的总数为 742 篇，这些论文的篇数按年度分布表明了呈逐年增长的趋势，特别是 2004 年与 1994 年相比，有关科技伦理的论文篇数增长了 17 倍（如图 1-2 所示）。

为了排除由于期刊数量增加引起论文篇数增加的因素，再用"中国社会科学引文索引"题录数据库，选取"科技伦理"为关键词，对 1998-2003 年"来源期刊"进行检索，共命中 45 篇文章，这些文章数量的年度分布证明了前面对科技伦理研究趋势的估计是正确的，这里同样可以看到，2003 年发表的论文总数为 1998 年的 11 倍

（如图 1 - 3 所示）。

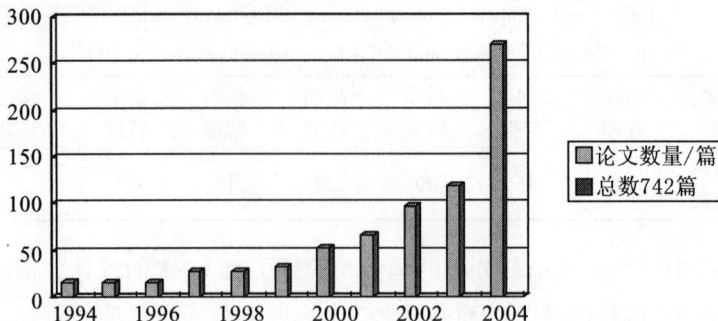

图 1 - 2　1994 - 2004 年科技伦理论文数量分布（中国期刊全文数据库）

Chart 1 - 2　Quantity distribution of the papers on sci - tech ethic

in 1994 - 2004（Chinese Journal Full - text Database）

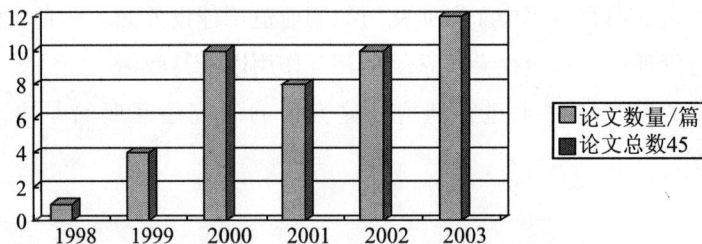

图 1 - 3　1998 - 2003 年科技伦理研究论文数量分布

（中文社会科学引文索引数据库）

Chart 1 - 3　Quantity distribution of the research papers on sci -

techethic in 1998 - 2003（CSSCI Database）

　　经文献阅读发现，有关科技伦理的研究内容大致集中在"国内外科技伦理学术会议综述"、"国外科技伦理成果借鉴和中国传统科技伦理思想挖掘"、"高科技领域的伦理问题"、"科学技术与伦理道德关系辨析"、"科技伦理学学科构建的基本理论问题"以及"科学家的社会责任"6 个方面，这 6 个方面论文篇数分布反映了当前国内学界对科技伦理研究的主题及其集中程度（如表 1 - 3 所示）。

表 1 - 3　科技伦理研究论文内容分类（中文社会科学引文索引）

Table 1 - 3　Papers' content category of sci - tech

ethicresearch（CSSCI）

论文分类的主题词	会议综述	思想借鉴	伦理问题	关系辨析	学科构建	主体责任
论文数量（篇）	7	5	10	4	17	2
主要内容摘要	2 次国际、3 次国内科技伦理研讨会综述	西方科技伦理思想和中国传统科技伦理思想	克隆技术、网络技术的伦理问题及一般伦理问题阐述	科学技术与伦理道德有关、无关、促进、背离的观点	概念界定、观念探讨、原则制定、哲学论证、途径对策	科学家及其社会责任

　　关于国外科技伦理的研究状况。以美国 DIALOG 系统中 Current Contents Search（CCS）数据库收录的关于科技伦理的文章作为考察对象，在这个数据库中，以"science and technology"和"ethics and morals"作为检索词，共检索到 324 篇文章。从研究的时间和地区分布来看，这 324 篇文章的基本覆盖年限为 1997 - 2004 年。在这八年间，关于科技伦理问题研究的文章篇数呈曲折增长趋势。1997 年关于这方面的文章只有 7 篇，而到 1998 年迅速增长到 43 篇，1999 年达到 55 篇的小高潮，而后几年间数量有所下降，但总体呈上升趋势，2004 年出现了关于科技伦理的文章达到 70 篇的最高点（如图 1 -4 所示）。

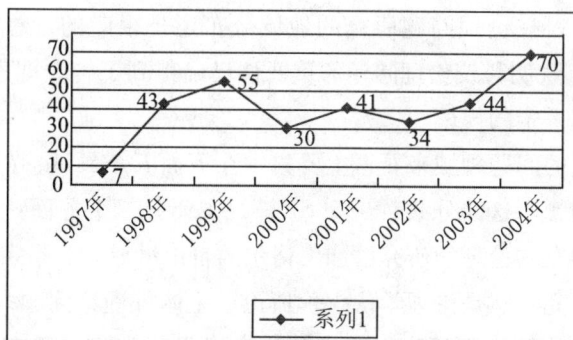

图 1 -4　国外科技伦理研究发展趋势

Chart 1 -4　Development trend of international sci - tech ethic research

导论

上面检索到的这些文章分布在219种期刊上，分别统计各期刊被收录的文章数目发现，*LANCET*、*SCIENCE AND ENGINEERING ETHICS*、*SCIENCE*、*NATURE*、*JOURNAL OF BUSINESS ETHICS*、*ZYGON*、*JOURNAL OF AGRICULTURAL & ENVIRONMENTAL ETHICS* 等期刊上发表的文章较为集中，这七种期刊被CCS收录的以科技伦理为主题的文章占全部被收录的该主题的文章的30.59%，因而，可以认为它们是科技伦理研究的核心期刊（如图1-5所示）。

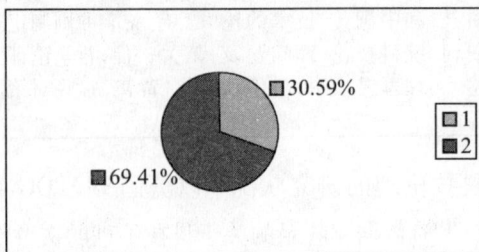

图1-5　国外科技伦理研究论文期刊分布
Chart 1-5　Journal distributions of papers on
internationalsci-tech ethic research

从所发表论文的地域分布来看，美国关于科技伦理问题研究的文章占有绝对多数，共有166篇，达到总数的一半。其次为英国33篇，加拿大19篇，澳大利亚14篇，法国8篇，意大利、荷兰、德国、印度6篇，新西兰5篇。总体来看，虽然还有许多国家文章很少，只有一篇，但是科技伦理问题研究的地域分布还是很广的，总共涉及到27个国家，说明科技伦理问题的重要性已经得到了各个国家的重视，并开始形成一定的规模。

从研究的问题领域来看，主要集中在下面五个领域：（1）基础理论与哲学问题。这部分共有论文67篇，主要分三个方面：一是从哲学的角度出发的伦理学研究，如黑格尔的自由世界；二是宗教问题中的伦理学研究；三是伦理学认识价值论、主体等理论问题；（2）具体科技领域的伦理问题研究。这部分研究成果很丰富，共有107篇论文，分为六个角度：一是生物学角度，这部分共有40篇，基本是关于人类干细胞、基因工程等方面的，主要研究在这些学科的发展中应该遵从什么样的道德规范，如何进行伦理约束问题；二是医学医疗，这部分共有38篇，主要指具体医学学科，如流行病学、精神病学，从病人、药物运用角度出发讲述伦理学问题；三是信息技术，这部分共有14篇，主要为信息、网络技术对人类权益及社会发生的作用；四是两性伦理，这部分共有12篇，主要为两性之间的关系，性倾向等方面的伦理问题；五是保障动物权利，这部分共有11篇，主要从保护动物的角度出发，在人类利用动物做实验的问题上产生的伦理学问题研究；六是核工业、农业和纳米技术等方面的伦理问题，虽然数量较少，各有一篇，但也反映了科学伦理研究的范围之广；(3)科学技术与社会、伦理道德的关系研究。这部分共有100篇，主要从三个角度研究。一是研讨科学技术与伦理的关系，科学技术特别是信息技术与社会环境的关系；二是伦理学对各学科发展的影响和作用；三是伦理学对社会发展、立法、政策制定等方面的影响；(4)主体责任研究。这部分共有19篇，集中体现科技工作者和职业道德的关系，体现主体的社会责任，其中包括经济技术中的伦理责任，新闻工作中的职业道德等；(5)科技伦理实践途径。这部分共有13篇，主要为介绍实践的文章，即通过教育等方面扩展科技伦理的影响力，其中有教育面临的问题，大学生的伦理教育，还有实际案例，如荷兰的代尔夫特技术大学(Delft University of Technology)的教育实践等。

从上述资料的内容分类可见，国外科技伦理研究的领域十分广泛，内容非常丰富，具有深厚的伦理理论背景和较为充分的科技伦理实践经验。不足之处主要有以下三个方面：(1)研究的地域分布不平衡。美国占有绝对优势，但是其他国家的文章数量较少，可能与采用美国的数据库有关；(2)研究内容比较分散，不够系统。各个方面研究的内容针对各个具体的领域、各种具体的问题，缺少将各种问题整合起来的系统分析和理论构建；(3)对于如何发挥科技伦理的作用、进行科技伦理建设的途径方面关注不够。这方面研究在国内外研究论文中所占比例都是较小的。可见，尽管人们已经意识到科技伦理问题的重要性，但是，对于科技伦理如何渗透于科技活动中发挥导向和约束作用没有引起足够的重视，也没有形成系统的观点，这表明在科技伦理研究中科技管理问题还没有得到足够的重视，科技伦理与科技管理交叉研究的潜力还是很大的。

1.2.3　关于管理伦理

关于国内外管理伦理研究。采用"中国期刊全文数据库"，对1994－2005年3月期间收录的论文以"管理伦理"作为"篇名/关键词/摘要"的检索词进行初级检索，命中1357篇论文。主要包括"企业管理伦理"、"医疗管理伦理"、"政府管理伦理"、"科技管理伦理"、"管理伦理理论（包括西方管理伦理和中国传统管理伦理思想的发掘）"等6个方面的内容，各部分论文的数量分布如表1－4所示。

表1－4　1994－2005年管理伦理研究论文分类及
所占比例（中国期刊全文数据库）

Table 1－4　Paper's category and proportion in administrative
ethic research in 1994－2005（Chinese Journal Full－text Database）

管理伦理研究分类（6类）	企业管理伦理	医疗管理伦理	政府管理伦理	科技管理伦理	西方管理伦理	传统管理伦理
论文篇数总计（1357）	433	209	141	161	88	185
占论文总数百分比（75.8%）	31.9	15.4	10.3	11.8	6.4	13.6

从表1－4中可见，国内管理伦理研究论文以"企业管理伦理"研究为主要研究领域，其论文篇数占全部论文总数31.9%，可见，企业是管理伦理的发祥地。上述六个领域作为管理伦理研究的主要领域，论文篇数占研究论文总数的75.8%。从1994年－2005年3月，这个领域的研究论文呈总体增长趋势，尤其是2001年以来显著增长，2004年较2001年增长4倍，表明这是一个新的热门领域（如图1－6所示）。

管理伦理学的产生和发展，被称为管理科学发展史上的第三个里程碑。因为自管理理论产生和发展200年来，以泰罗为代表的科学管理学派为了摆脱非科学的经验管理，发起了以动作研究为中心的管理

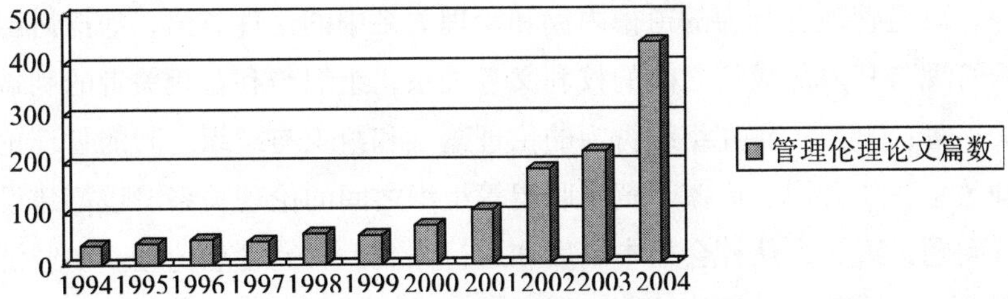

图 1－6　1994－2004 年管理伦理研究论文数量分布
（中国期刊全文数据库）

Chart 1－6　Quantity distribution of papers on administrative ethic in
1994－2004（Chinese Journal Full－text Database ）

学方法论革命，被称为管理科学发展史上的第一个里程碑；以梅奥为代表的行为科学学派，从心理学和社会学等角度研究如何提高效率，阐明了人性和价值观是管理的哲学基础，引发了管理学认识论的革命，使管理科学进入到管理哲学阶段，成为管理科学发展史上第二个里程碑；20 世纪 50、60 年代以来，管理学与伦理学的接轨，为管理理论找到了人的行为、信仰和价值观念的根本矛盾这一管理理论的生命源泉，使管理理论不仅由方法论到认识论，而且从管理认识论进入了管理矛盾论发展的第三个里程碑①。

　　由于伦理学是从道德意识的角度去研究处理人与人之间的关系的学问，其宗旨是要发挥人们的道德自觉性来调整人们社会关系中的矛盾，以达到控制社会秩序的目的。而管理学是通过自然科学和社会科学的综合手段，在管理过程中调节、控制经济活动中的各种人事矛盾，理顺、沟通人际关系，以达到提高效率的目的。因此，管理伦理化会使人们更深刻地认识到道德因素在管理中的地位和作用，从而将道德调节的理论和方法渗透于管理科学之中，开辟了通过内在约束与外在约束两种方式相结合提高科技管理水平和深化管理理论的新的研究方向。

　　国外管理伦理学研究的理论成果主要集中于以下几个方面。第

19

---

① 王续琨，戴艳军. 管理伦理学的学科结构和发展对策［J］. 齐鲁学刊，2004，6：132－136

一，研究管理者行为的道德内涵和管理关系中的伦理意蕴，如探讨组织管理与其内部成员之间的权利义务关系，组织与利益相关者的利益关系等；第二，研究组织行为的伦理蕴含和组织与组织之间的管理伦理关系，如公司、厂家、贸易联盟等组织之间的伦理关系、道德建设等问题；第三，从社会根本制度和运行体制上研究管理伦理。如经济制度、经济秩序、经济政策、国际商务活动等各方面管理制度和运行体制中的伦理问题和伦理责任，从整个社会的角度来探讨伦理道德在社会管理总系统中所处的地位及发挥作用的途径和方法，从而揭示伦理道德在计划、组织、指挥、调控等管理过程中的功能。以上研究内容在国外管理伦理学研究中较为突出，并且表现出阶段性的特点。例如 20 世纪 60、70 年代以研究管理者的道德观和对企业伦理现状调查了解的经验性研究为主，70、80 年代偏重于哲学理论和案例分析，90 年代以来从早期单纯的道德批判与组织管理伦理建设的结合，理论与案例得到了有机的结合。同时国外管理伦理学在发展的过程中较多地表现出跨文化性、功利性和操作性的特点。

国内管理伦理学研究的主要内容集中于以下四个方面：第一，以企业管理伦理探讨为主。目前学界出版的管理伦理学著作大都是探讨和论述企业管理伦理的①②③④，表 1 - 3 对管理伦理研究论文的统计也说明了这个问题，这是我国现代企业制度建设及对国外企业伦理学研究繁荣趋势的一种反响；第二，较为重视对我国传统管理伦理思想资源的挖掘，现有的管理伦理学专著中都十分注意用专门的章节对我国传统文化中仁义、和谐、诚信、节用、以德选才等伦理思想的阐释，体现了管理伦理学的中国特色；第三，重视对管理伦理的普遍原则和管理者的道德修养的研究，如苏勇、陈荣耀⑤、戴木才、徐大

① 万俊人. 文化资本与管理伦理[J]. 学习与探索，1999，1：61 - 68
② 苏勇. 管理伦理学[M]. 上海：东方出版中心，1993
③ 周祖城. 管理与伦理[M]. 北京：清华大学出版社，2000
④ 戴木才. 管理的伦理法则[M]. 南昌：江西人民出版社，2001
⑤ 陈荣耀. 企业伦理[M]. 上海：华东师范大学出版社，2001

建①、许启贤②等人分别提出了不同的管理伦理原则及管理者应具备的道德修养等；第四，重视对管理与伦理关系的研究及管理伦理学体系的建构。如温克勤③等相继构建了管理伦理学的学科体系，内容包括管理与伦理的关系、管理过程中人的道德主体性及管理者与被管理者行为的道德内涵，伦理道德在管理系统内部及社会管理总系统中所处的地位、发挥作用的范式和特点等。确立了管理伦理学作为一门独立学科存在的地位。

但是，管理伦理学研究还存在以下几个方面的不足。一是缺乏总体性研究视角，如对管理伦理的本质、构成、功能、运行机制缺乏系统性探讨；二是管理伦理研究的视角集中于企业管理、工商管理，而没有拓展到更广阔的社会背景中去，如科技活动等领域的管理伦理研究还没有开展起来，因而，管理伦理研究成果应用的普遍性受到质疑；三是管理伦理研究的方法转换过程还没有完成，如目前的研究局限于对企业管理伦理理论的抽象以及运用这一理论去指导企业管理实践，但是管理伦理的精神实质是普适性的，对于其他管理领域也应当适用，完成这种哲学抽象的过程仅靠企业管理伦理的哲学抽象还不够，还需要更宽阔的理论视野和实践领域，才能完成实践－理论－实践、特殊－普遍－特殊的方法转换，科技管理伦理领域的开辟无疑提供了一个好的平台；第四，管理伦理实践的缺乏。前面的管理伦理理念和原则只有渗透到日常管理活动中去，成为可操作的、物质的、活化的形态，才能找到管理伦理学的源头活水，而目前这一切还具有彼岸性④。

加强科技管理伦理研究，是解决上述研究不足的一个出路。因为，第一，科技管理的伦理转向和科技哲学的伦理转向说明，科技管理领域正如当年企业管理领域一样，面临着一场伦理革命，对于这些

① 徐大建. 企业伦理学[M]. 上海：上海人民出版社，2002
② 徐启贤. 管理与道德[M]. 太原：山西教育出版社，1992
③ 温克勤. 管理伦理学[M]. 天津：天津人民出版社，1988
④ 龚天平. 管理伦理：进展与评论[J]. 长沙电力学院学报(社会科学版)，2004，2：20
－24

迫切的伦理挑战，需要给予及时的、理论上的回答；第二，科技管理作为一个新的、集科学研究、企业管理、公共事业管理等诸多管理特点于一身的管理领域，能够拓展管理伦理学研究的视野；第三，科技管理伦理的理论构建和实践经验总结，能够为管理伦理的一般理论抽象和实践经验的积累奠定基础。然而，关于科技管理伦理的研究现状是不容乐观的。

采用"中国期刊全文数据库"，以"科学技术管理伦理"作为"篇名/关键词/摘要"为检索词，对1994年-2005年3月之间收录的论文进行初级检索，共命中161篇论文（如表1-3所示），表明科技管理伦理研究论文仅占全部管理伦理研究论文总数的11%左右。经文献阅读发现，它们主要包括"医疗系统及医疗科技的管理伦理问题"、"企业科技管理问题"、"高新技术引发的管理伦理问题"、以及"我国传统文化中的管理伦理思想"等方面的内容。其中有关医疗系统及医疗科学与技术的管理伦理问题最集中，高科技引发的管理伦理问题也多数表现为这个领域的问题，如生命技术、克隆技术等技术引发的管理伦理问题，还有当前维持医院正常秩序、处理医患关系、保证医疗质量以及提高医护人员的道德素质等问题。这部分内容的论文共命中43篇，占全部科技管理伦理文章的27%以上。可见，在科技管理伦理研究中，医学科技管理领域较为领先，其他方面开展得还不够。尽管如此，十年来（1994年-2004年）与科技管理伦理相关的论文数量总体上呈增长趋势，尤其是2003、2004年两年刚刚开始起步，异军突起，显示出这是一个方兴未艾的学术研究领域（如图1-7所示）。

综合科技管理、科技伦理与科技管理伦理三个紧密相关的交叉研究领域的研究状况与发展趋势，发现科技管理伦理研究呈迅速增长的趋势，但是现有的研究成果难以满足科技伦理领域的管理需求以及科技管理伦理研究要求，这方面研究很薄弱。依据管理伦理学当前取得的研究成果，构建科技管理伦理的理论框架，对当前科技管理与科技伦理实践提出的挑战予以系统的理论应答和实践指导，是十分必要的，并且是可能的。这一趋势证实了一些远见卓识之士已经不止一次的对我们的忠告。例如，瑞士经济学家肯德指出的："19世纪是工业

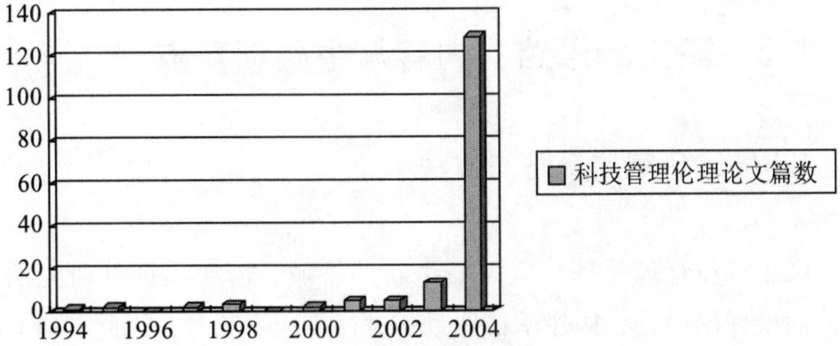

图 1 – 7　1994 – 2004 年科技管理伦理论文数量年度分布
（中国期刊全文数据库）

Chart 1 – 7　Quantity distribution of papers on MEST in 1994 – 2004
（Chinese Journal Full – text Database）

的世纪，20 世纪则作为管理的世纪载入史册。"①美国经济学家阿基·卡罗在 1993 年进一步指出："回顾过去 30 年来人们对企业伦理的兴趣，可以得出两个结论：一是对企业伦理的兴趣不断加深；二是对企业伦理的兴趣看来是由重大丑闻曝光引起的。"②企业管理与伦理相结合的趋势，标志着管理理论的伦理转向。无独有偶，德国技术哲学家 J. 米兰多佛尔（Millendorfer）在 20 世纪 70 年代，也曾经预言：如果把工业化划分成三个阶段，第一次工业革命解决的是物质问题，第二次工业革命解决的是信息的问题，"今天，必然到来的第三次工业革命，要为人们如何在技术世界中过上有意义的生活这个伦理问题找出答案。"③揭示了科技哲学向伦理转向的趋势。可见，当前企业管理伦理和科技管理伦理实践，迫切呼唤管理伦理理论的拓展。

①　［俄］波波夫. 管理理论问题［M］. 北京：中国社会科学出版社，1983. 1
②　Archie B. Carroll. Business and Society：Ethics and Stakeholder Management［M］. 2nd ed. Cincinnati，Ohio；South – western Publishing Co，1993. 85
③　Millendorfer J. Konturen Einer Dritten Industriellen Revolution［M］. In Stimmen der Zeit. 1976. 408 – 419

1.3　研究的思路、内容与主要创新点

1.3.1　研究的思路与方法

由于科技管理伦理研究是一个新的领域，需要确证其研究的意义、抽象理论内核、构建学科体系、进行应用研究等，因此，研究的基本思路分为以下三个阶段：

第一阶段，资料调查与意义确证。首先，通过现代科技发展及其双重社会后果对科技伦理与科技管理的挑战，说明加强科技管理伦理研究的必要性；其次，通过对科技伦理、科技管理与管理伦理三个概念的辨析，界定科技管理伦理的概念及内涵；第三，通过对科技伦理、科技管理以及管理伦理三个相关学科领域的研究现状的资料调查与综合分析，实证科技管理伦理研究的不足和必然兴起的趋势；最后，通过爬梳科技管理伦理思想发展的历史资料，引出当代科技管理伦理产生的必要性和可能性。

第二阶段，理论构建。这一阶段包括科技管理伦理理论体系的构建和运行机制研究，这部分研究在全文中具有承前启后的地位和作用。包括运用系统科学与逻辑分析的方法，阐述科技管理伦理的研究对象、内容体系及地位作用，分析科技管理伦理系统的构成和发生作用的内外部机制，实现科技伦理与科技管理的内在统一。

第三阶段，对策研究。以纳米科技为例对当代科技前沿的伦理问题进行典型分析，指出科技管理的伦理失控是科技伦理问题产生的重要前因，因为在科技决策、科技组织和科技控制等主要的管理职能的发挥中不能缺少伦理制约。依此提出开展科技管理伦理实践的主要途径和方法，提出解决当前存在的科学技术管理伦理热点和难点问题的对策和建议。研究的技术路线如图 1-8 所示。

第一阶段：资料调查与意义确证

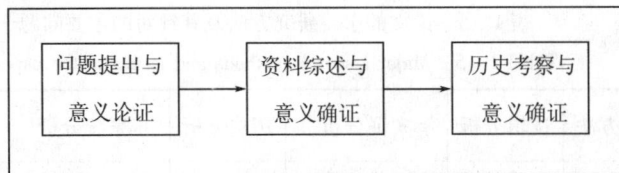

第二阶段：理论建构

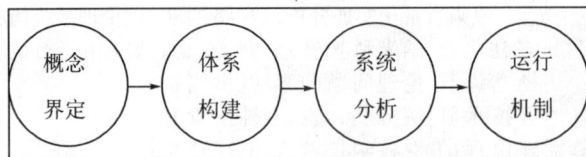

第三阶段：现状分析与对策建议

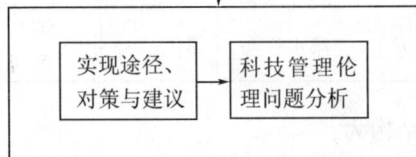

图 1-8　论文研究思路及技术路线

Chart 1-8　Research train of thought and technical route of the paper

1.3.2　研究的内容与框架

本研究的内容包括三大方面：第一，通过对科技伦理与科技管理的学理性研究，对科技伦理、科技管理、管理伦理研究状况和发展趋势的实证性研究，以及科技管理伦理思想的历史演变研究，指出科技管理伦理是解决当代科技伦理及科技管理问题的出路和破解科技异化之谜的钥匙；第二，通过对科技管理伦理概念界定、内容体系的提炼和运行机制的分析，构建了包括科技管理伦理的对象、结构、原则和途径的理论体系；第三，通过对纳米科技的研发与应用中的管理伦理问题的典型案例分析，抽象出当代科技管理伦理的一般性问题，据此，运用科技管理伦理理论，提出了解决这些问题的建议和对策。

表1-5 论文的主要研究方法及其针对的主要问题

Table 1-5 Major research methods and issues in the paper

研究方法	逻辑分析	实证分析	历史分析	系统分析	价值分析
解决的主要问题	科学技术管理伦理的目的、意义、概念、原则、方法、途径等，科学技术管理伦理的理论框架	科技伦理、科技管理、管理伦理研究趋势的资料调查与量化实证分析，纳米科技管理伦理问题的案例分析，验证对科学技术管理伦理的现状及其存在问题的判断及结论	梳理科学技术管理伦理思想的产生和发展的历史渊源，引出当前科技管理伦理产生的必然性结论和可能性基础	对科学技术活动的社会影响因素进行系统分析，找到科学技术管理伦理系统构成要素和运行机制	提出科技管理伦理的可持续发展目标、道德原则与规范
针对章节	第1、3章	第4章	第2、5章	第1、3、5、6章	第3、6章

论文的框架结构为：

第一章，绪论。通过对当代科学技术双重社会后果对管理与伦理提出的挑战，提出从管理与伦理相结合的角度寻求解决问题的对策这一基本思路。在对科技管理、科技伦理、管理伦理几个概念和学科进行界定和区分的基础上，运用资料调查与统计分析方法，考察了三个领域的研究现状，找到了问题的症结，证实了科技管理伦理研究的必要性。对本研究的目的和意义、思路与方法、内容与创新点作了交代。

第二章，科技管理伦理思想演变。以科技发展的历时性和科技管理模式的演化为线索，回顾了近代以来处于"个人兴趣"时期、"职业活动"时期、"国家意志"时期和"人类行为"时期的科学技术和科技管理伦理思想的产生、发展和历史演变的过程，证实科技管理伦理不仅是科技发展的现实需要，而且是科技管理与科技伦理发展到一定阶段的历史必然。

第三章，科技管理伦理的理论建构。作为本研究的核心内容，从考察现代科学技术发展对管理与伦理提出的现实挑战出发，通过对科技管理与科技伦理内在逻辑关系的论证，以及对管理伦理理论在科技管理中应用的现实性分析，探讨了包括科技管理伦理的研究和调节对象、科技管理伦理的结构和层次、科技管理伦理目标、原则和规范体系以及科技管理伦理的功能等基本内容。

第四章，科技管理伦理系统与调节机制。通过将科技管理伦理作为一个系统，对其构成的基本要素及相互之间的联系进行分析，提出了科技管理伦理系统的整体功能和包括宏观、中观以及微观科技管理三个层面的内外部调节机制，为解决科技管理伦理从价值体系到实际运作的问题，提供了可操作的模型。

第五章，现代科技管理伦理的实现途径。根据科技管理伦理的运行机制和解决科技管理问题实际的要求，指出当前实现科技管理伦理的主要途径有制定科技管理伦理规范，开展科技体制伦理建设，加强科技政策的伦理导向，建设科技伦理预见与评估系统，开展广泛深入的科技管理伦理教育等可行性建议与对策，以期实现科技管理伦理研究的最终目的。

第六章，现代科技前沿的管理伦理问题：以纳米科技为例。通过对处于高科技前沿的纳米科技管理中科技风险的道德责任问题、科技管理目标的公平与效率的冲突与选择问题、科技成果滥用问题以及科技管理伦理的制度化保障问题的阐释，指出现代科技前沿的管理伦理问题一般表现为科技管理决策伦理、科技组织制度伦理、科技控制伦理三大典型问题，可以从这些一般性的问题出发找到解决具体科技管理伦理问题的对策和出路。

第七章，研究的结论与展望。对本研究的结论、局限以及今后研究的前景作了展望。结论是：可以认为，科技管理伦理将诞生并成为未来十年极富研究价值的研究领域，因为它是科学技术、管理科学、伦理学所代表的自然科学、社会科学、人文科学交叉融合的交汇点和生长点。

1.3.3 主要创新点

（1）通过分析科技管理、科技伦理和管理伦理之间的关系，提出在三者的交叉点上存在着一个以科学技术活动为对象的管理伦理跨学科领域，从而构建了科学技术管理伦理的理论框架。科技管理、科技伦理以及管理伦理，本是各自独立平行发展的三个不同学科领域，但是由于现代科学技术的突飞猛进及其对社会的深刻影响，不仅引起了科技管理的伦理转向，而且突现了科技伦理的管理职能，从而导致三个不同学科领域互动结合，形成了科学技术管理伦理的跨学科领域。由此构建了以科学技术活动为对象，运用科技管理和科技伦理相统一的原理与方法进行跨学科研究的科技管理伦理理论框架。

（2）在考察科学技术活动存在的市场调节、政府调节、伦理调节三种调节机制的基础上，着重阐释了以人为本的伦理调节为中心的科技管理伦理调节系统、机制与模型。由于科学技术活动同时形成人与自然之间和人与人之间的两种矛盾关系，在现时代呈现出纷繁复杂的局面，因此运用以人为本的伦理调节为中心环节的科技管理伦理调节系统，来解决和疏导科学技术活动中的两种关系，是推动科学技术进步，避免两种关系冲突，促进两种关系和谐的有效调节方式之一。基于这一认识，提出和阐释了科技管理伦理调节系统的基本要素、结构功能、运行机制和模型，并论述了这一模型在国家及国际科技活动、研发组织和科技人员等三个不同层面上的具体应用。

（3）基于科技管理伦理的理论体系与调节系统，探讨了对现代科学技术活动实行伦理管理的若干具体途径，并运用于纳米科技管理伦理问题的案例分析。要使科技管理伦理的一般调节机制得以实现，就必须探寻对科学技术活动实施伦理管理的具体途径。为此，在概括和总结国内外科技管理、科技伦理和管理伦理最新成果的基础上，提出了制定科技管理伦理准则、建设科技体制伦理、加强科技政策伦理导向、建立科技伦理预见与评估系统、开展科技管理伦理教育五个方面具有可操作性的具体实施途径。通过对纳米科技管理伦理问题的案例分析，进一步提出探求和建立科技决策伦理、科技体制伦理和科技控制伦理，是对现代科学技术前沿普遍适用的管理伦理有效实施的三项基本对策。

2 近代科学技术及其管理伦理思想演变

科技管理伦理是适应科技活动实践发展的需要而产生的。这里的"近代"是指16世纪开始的第一次科学革命以来，由于科学技术的飞速发展，带来了科技管理、科技伦理和管理伦理产生和发展。因此，这里将近代科学技术的发展及其管理伦理思想的演变分为"个人兴趣"为主(16世纪至18世纪)、"职业活动"为主(19世纪至20世纪30年代)、"国家意志"为主(20世纪30年代至70年代)和"人类行为"为主(20世纪70年代以后)四个发展阶段①。由于每一发展阶段科技活动的特点不同，科技管理的主体不同，科技伦理问题不同，管理伦理的对象不同，因而，科技管理伦理思想也具有不同的内容和特点。

2.1 处于"个人兴趣"时期的科学技术及其管理伦理思想

在人类社会发展中，技术与人类共生，而科学早期只处于思辨猜测与哲学母体之中。因此，在探讨近代科学技术及其管理伦理思想之前，有必要简略地追寻一下科学、技术及管理伦理思想的历史起源。

2.1.1 科学、技术及管理伦理思想的起源

古代(公元四世纪以前)的科学还没有从哲学中分离出来，技术

30

---

① [美]罗伯特·金·默顿. 十七世纪英格兰的科学技术与社会[M]. 范岱年等译. 北京：商务印书馆，2000. 36

还只是作为个别人的发明和创造，这一时期的科技管理伦理思想主要表现为中外先哲们对研究自然知识的科学与技术发明活动的"善"的价值属性的道德论证方面，科技管理伦理实践也处于自发的、靠个体的内在的道德调节阶段。

论证科学知识与技术活动善的价值。亚里士多德（Aristotle，公元前384－前322）作为古希腊哲学思想的集大成者，比较系统地阐述了知识与道德的关系，主要包括：（1）追求科学知识的目的是为了求善。他在《尼各马可伦理学》中指出："一切技术、一切规划以及一切实践和抉择，都以某种善为目标。因为人们都有个美好的想法，即宇宙万物都是向善的。"①他还认为，各种科学和技艺都有各自特殊的善，也有共同的善，如善于思辨、善于思考、善用理智，即善的总和。因而，勤奋刻苦的科学活动是善的源泉。这充分肯定了科学和技术活动善的价值，也说明善的价值目标是科学技术自产生之日起就内涵其中的应有之义；（2）智德与行德的统一。亚里士多德把美德分为智德和行德。智德主要包括技艺和科学，技艺是通过运用推理来制造某种物品的才智和能力，科学是对必然的寻求和对必然性把握的才智。智慧是知识的最高形式。人只有智还不行，还要有行。行德则是实践的品性，是知行的统一。一个建筑师，不能光懂得建筑知识，他必须去从事建筑事业；一个音乐家，不能光懂得音乐知识，他还要去从事演奏事业；同样，一个人懂得公正，并实行公正，才能变成公正的人；（3）理论和实践都重要。他认为追求真理乃是一切理智的功用。明智地追求真理的人，不但要善于认知，而且要勇于实践。同时，人必须为自己的道德行为负责，而且应当以国家利益为重。

在科技活动中实践善的价值。古希腊数学家、物理学家阿基米得（Archimedes，约公元前287－前212），医学家希波克拉底（Hippocrates，约公元前460－前377）等人，把毕生的精力献给科学研究事业，以他们的行动和卓越成就践行了科技道德理想和目标，为后世留下了

31

---

① ［古希腊］亚里士多德. 尼各马可伦理学［M］. 苗力田译. 北京：中国人民大学出版社，2003. 1

科学道德楷模和科学精神财富。阿基米得一生坚持不渝地实践科学和技术应该为祖国服务的道德原则，当罗马军队入侵叙拉古时，他挺身而出，用"投火机"把燃烧着的巨物弹发射到海面入侵的罗马战舰上。他还利用光学中的聚焦原理将罗马战舰焚毁，直至被杀时，他还在全神贯注地思考、设计更有效的武器来抗击侵略者。希腊医学家希波克拉底在著名的《希波克拉底誓言》(简称《誓言》)中，提出了包括为病人谋利益的医疗道德目标和正确处理医患关系、医护人员之间的关系的医德规范，以及重视医技传承、医德教育的医学人才培养方法等医学伦理和管理伦理思想，对后世产生了深远的影响。时至今日，世界不少国家的医学院在毕业典礼或授予学位时，仍要由校长宣读此誓言，以作为学生日后职业生涯的伦理道德准则和规范，当今世界各国在制定医疗法规时，也都吸收了《誓言》的内容，可见其影响之深远①。

中国古代科技管理活动中的伦理调节，可以用"以道驭术"四个字来概括。一方面，由于中国古代伦理社会的特点，从事科学研究和技术发明的个人，受到社会主导价值观念的影响是必然的，科技活动与任何活动一样，都要符合善的道德标准和规范；另一方面，在科技成果的社会应用方面，春秋战国时期就有了比较明确的伦理道德规范，主要反映在儒、墨、道、法四家学派的伦理思想当中。具体有：(1)天人合一，道法自然。以孔子为代表的儒家和以老子为代表的道家，都提出爱护自然、效法自然，人与自然和谐统一的观点；(2)仁民爱物、仁义结合。孔子提出要"节用而爱人"，墨子主张"爱人利人"；孔子主张"重义轻利"，墨子主张"志功结合"。他们把爱人爱物、公益私利、目的和手段统一起来，为科技活动提出了善的目标和行为准则；(3)智者利仁，智仁结合。他们认为只有具备知识，特别是道德知识，具备理解行为境况的能力，又具备审慎判断的智慧才能达到仁。仁者必须是智者，智者应当成为仁者。特别是智者应当加强道德修养，加强锻炼，才能成为有道德修养的人。因此，孔子特别注

---

① 李庆臻，苏富忠，安维复. 现代科技伦理学[M]. 济南：山东人民出版社，2003.11

重对知识分子加强道德教育，墨子也要求墨家的子弟都发扬"摩顶放踵，利天下而为之"①的吃苦耐劳精神，"勤生薄死，以赴天下之急"②；（4）依法治国，德法并重。以管仲、商鞅、韩非子为代表的法家，提出治国要靠法制。认为法的约束力比道德约束力强，具有强制性，因而，应当刑德并用，德法兼治，赏罚分明。例如，韩非子主张，君王放弃法术而任心治，就是尧舜也治理不好一个国家；工匠放弃规矩尺寸而凭主观臆测，就是能工巧匠也造不好一个车轮。这不仅是谈治国方略，也是在谈对工艺标准的态度问题。在英国技术史学家李约瑟(Joseph Needham，1900 - 1995)看来，中国古代秦国的勃兴与其军事上的某些技术发明有密切关系，而这些发明的出现，又不能不考虑到重视法度的思想背景③。我国古代还有从法律上约束技术活动的典章制度，如明朝颁行于明太祖洪武三十年(1397年)的《大明律》中，"工律"分《营造》和《河防》两卷，其中的《营造》是关于非法营造、虚费工力、采取木石不堪用、造作不依法、造作过期限、官吏不按规定在官房办公等方面的刑法规定。清乾隆五年(1740年)颁行《大清律例》篇目中的第七篇即《工律》，是对工匠的技术行为进行要求的法典④。这表明，以法律规范形式约束工匠或工程质量，也是"以道驭术"的手段之一。以上可见，中国古代先哲们的伦理思想和科技管理实践中，蕴含着运用道德规范和手段调节科学与技术活动中各种利益关系的丰富思想。

2.1.2 近代科技革命的兴起与思想解放

近代科学产生的标志是1543年哥白尼(Nicolaus Copernicus，1473 -1543)《天体运行论》和维萨留斯(1514 - 1564)的《人体结构》两篇

---

① 孟子·告子.下
② 梅汝莉，李生荣.中国科技教育史[M].长沙：湖南教育出版社，1992.88 - 89，285
③ [英]李约瑟.中国科学技术史第二卷(科学思想史)[M].北京：科学出版社，1990.619
④ 于语和.中国传统文化概论[M].天津：天津大学出版社，2001.133 - 134

著作的出版，这两篇著作分别提出了与过去相悖的科学理论，也揭开了近代科技革命、科技伦理以及科技管理相互联系、相互渗透、相互作用的序幕①。各种科技管理伦理思想的碎片，散见于文艺复兴、宗教改革和启蒙运动等思想解放运动中科学家和思想家的相关论述。

从 15 世纪中叶到 18 世纪，是欧洲摆脱漫长的黑暗中世纪，发生震撼世界的社会大变动的时代。波澜壮阔的思想革命、政治革命、科学革命、技术革命和工业革命在西欧各国相继兴起，交相辉映。发端于意大利的文艺复兴运动、欧洲宗教改革运动、英国"光荣革命"和法国大革命，为新兴资产阶级登上历史舞台和资本主义的自由发展扫清了封建障碍。美洲新大陆的发现、地理探险和通往印度的东方航线的开辟、环球航行的成功，为商业资本主义打开了世界市场，也导致殖民主义在全球的扩张。人文主义运动、英国唯物主义、大陆理性主义、法国百科全书派与启蒙运动，对宗教神学、经院哲学和封建蒙昧的批判所唤起的思想解放，使科学从宗教神学和陈腐观念的桎梏中解放出来，走上独立发展、自由探索的道路。伴随这些哲学革命而来的科学革命，使意大利、英国和法国相继成为世界科学活动的中心。16世纪中叶开始的天文学革命，17 世纪以微积分为代表的数学革命，到牛顿《自然哲学的数学原理》建立起经典力学理论体系，把近代第一次科学革命推向高潮。在经典力学进入分析力学和应用力学的 18世纪中叶，发生了以纺织机械技术为先导、以蒸汽动力技术为主导的近代第一次技术革命，机器在工场手工业内部分工基础上的应用导致以机器大工业为代表的工业革命蓬勃兴起。

这一历史阶段近代科学技术及其管理伦理思想，呈现出科学技术活动刚刚走上独立发展道路的一些特点。总体而言，科学技术活动仍以"个人兴趣"为主，科学与技术处于分离状态，管理与伦理处于自发的同一之中，科技管理伦理思想也处于孕育萌动时期。科学技术与伦理道德的关系受到了科学家、哲学家与思想家们不同程度的关注，他们从不同侧面阐述了科学技术活动的最初管理伦理思想，其典型代

---

① 李庆臻，苏富忠，安维复．现代科技伦理学［M］．济南：山东人民出版社，2003.17

表如表 2 – 1、2 – 2 所列。

表 2 – 1　近代第一次科学革命时期有代表性科学家及其科技伦理思想

Table 2 – 1　Representative scientists and their sci – tech

ethical thoughts in the period of the first revolution of science

科学家	科技管理伦理思想
哥白尼（1473 – 1543）	①科学技艺具有道德功能，能够净化灵魂，引导人们去恶从善，天文学为最。②具有创新精神。③是客观公正的评价准则。
伽利略（1564 – 1642）	①追求科学要勇敢，不应当屈从于外部意志。②要坚持正直诚实的价值观。③科学家要具有谦逊谨慎的高尚品德。
开普勒（1571 – 1630）	①和谐即善。②科学家要坚持科学信仰。③尊重事实，理论符合实际。
牛顿（1642 – 1727）	①勤奋的探索精神。②忠于实验的科学态度。③谨慎的科学品德。
达朗贝尔（1717 – 1783）	①科学使社会变得更合理，人类活得更美好，真和善更加普及些。②正义、道德和自然法的概念源于人的感觉。③卢梭指责科技败坏道德的观点是不恰当的。

　　这个阶段初期的科学研究虽然是以"个人兴趣"为主要动力的个体的、分散的活动，但开始走向社会建制化的道路。这种以个人兴趣来探索科学的活动，跟以往科学尚在哲学母体之中和受到宗教神学束缚之中的"个人兴趣"有所不同，科学活动除了在大学开展外，还出了一些科研机构与学术社团，如 1601 年在意大利的罗马建立的林切研究院，1662 年成立的著名的英国皇家学会，之后还有英国的土木工程协会、电气工程师学会，1666 法国创立的皇家科学院等。这些机构社团大都是科学家和工程师"个人兴趣"的集合，管理松散，还没有形成系统的、严密的组织管理和明确具体的科学目标。散见于科学家、哲学家和思想家的论述，远未形成系统完整的科技管理伦理思想，但提出了有关科学活动的管理伦理若干原则的雏形，如倡导科学的自由探索，科学家的活动不应受外部因素干涉，并为此而付出生命和监禁的代价，科学机构社团也只是科学自由的认同，个体成果的交流、个人兴趣的展示，还不足以充分满足个人的科学兴趣爱好和有效

保障科学自由。对于科学活动的目的，人们也只是普遍认同为个人兴趣的纯科学目的，至于对科学的价值，看法则各不相同，有的主张科学只问是非，不计后果（伽俐略），有的认为科学具有道德功能，会使真和善更普及（达朗贝尔、狄德罗），有的指责科学会引起道德败坏（卢梭），有的论证科学求真与道德求善分属于两个不同的领域（康德）。不过，当时实际的科学活动的功利主义并不突出，"个人兴趣"既是科学的出发点和归宿，也是科学自我调节的手段。这个时期科学和宗教的关系所蕴涵的管理伦理思想，我们在下一节专门探讨。

18 世纪的技术革命和工业革命，技术活动领域的管理伦理思想与科学活动领域有所不同。引发这次技术革命与工业革命的纺织机和蒸汽机等机器，主要是以分工为基础的手工业工场中的工匠技师在生产技术经验基础上发明的，科学在工业技术中的应用只起配角的作用。这些发明家的活动最初仍是以"个人兴趣"为主要动力，但随着机器大工业取代工场手工业、工厂制度取代手工工场，发明家的个人兴趣和工厂主的商业目的结合起来，出现技术创新与制度创新的早期结合，形成资本主义工厂制度下技术管理伦理的新范式。一方面，科学的应用、技术的发明，作为工业生产过程的独立因素，成为工厂制度早期生产管理中提高劳动生产率和商业竞争力的重要手段，从而导致社会生产力的大幅度提高。另一方面，工厂制度由于劳动的异化，资本占有科学和使用机器，成为资本家对付工人的反叛、机器奴役工人、榨取剩余价值，引起道德沦丧的工具。

科学技术的资本主义应用所造成的双重社会后果，引起古典经济学家的关注，受到早期空想社会主义者的揭露和谴责。英国古典经济学的奠基人亚当·斯密（Adam Smith, 1723 – 1790）在揭示市场机制这只"看不见的手"对经济活动起基本调节作用的同时，认为利己心和同情心是人的两个方面本质，提出伦理道德对经济活动的自律作用。从技术与经济的统一性看，这个经济伦理学的早期思想也蕴涵有技术管理伦理的思想胚芽。空想社会主义者试图通过资本主义生产方式的改良途径，建立由道德高尚的科技专家掌握权力、经营管理的理想工厂，避免现行工厂制度的种种弊端和罪恶。但是，种种类似这样的不切实际的乌托邦，终究不过是空想。尽管如此，从这一时期许多思想家们的各种见解中，从理想工厂的制度调节、伦理调节，作为国民经济市场调节的补充，我们可以大致看到这三重调节机制的思想萌芽对于构建现代科学技术与经济活动的管理伦理框架的启示作用。

表2-2 16世纪至18世纪欧洲思想家及科学家的科技伦理思想

Table 2-2 The sci-tech ethical thought of Europe thinkers and scientists in the 16th to 18th centuries

思想家	科技管理伦理思想
布鲁诺 (1548-1600)	①反对宗教神学，提倡科学理性。②思想自由，怀疑一切。③热爱真理，赞美劳动，崇尚"英雄热情"的道德理想。
弗兰西斯·培根 (1561-1626)	①知识就是力量，利用知识可以为人类谋福利。②科学技术具有道德价值，科学技术专家是品德高尚的人。③自然法则是道德的根源。④追求真理是最高的道德品德。
霍布斯 (1588-1679)	①人是自然的一部分，同样受一般物体运动的力学规律支配。②人类走出自然状态，摆脱恶意相争的生存状况就是转让权利，订立契约。③自然法对所有道德规则解释的出发点都是自我生命的保存，国家和社会不过是实现这一目的的手段。
笛卡儿 (1596-1650)	①"我思故我在"，为伦理学的发展奠定了理性主义方法论基础。②理性是控制道德情感的绝对力量。③道德实践仅有良知是不够的，更重要的还在于正确地应用它。
卢梭 (1712-1778)	①人性善。②科技导致道德堕落。③科技有利于人类发展。
狄德罗 (1713-1784)	①百科知识引导人们懂得世界普遍的道德。②科技是经验和理性的结论，是巨大的实用价值和力量的基础。③我们只服从真和善这两样东西，因为它们创造了社会的好运和幸福。
亚当·斯密 (1723-1790)	①提出利己心和同情心是人的两个方面本质。②市场经济这只"看不见的手"能使自利之心自动达到增加社会利益的目的。③为科技发展奠定了经济伦理学基础。
康德 (1724-1804)	①提出著名的星云假说。②通过"三大批判"提出了科学王国与道德王国的关系问题。③为科学从宗教神学束缚下解放出来提供了有力的哲学根据①。

---

① 刘则渊. 科学王国与道德王国的统一：面向现代科学技术的伦理探索之路[J]. 科学文化评论，2004，6：33-46

思想家	科技管理伦理思想
傅立叶 (1722－1832)	①抨击资本主义制度造成的"科学的道德沦丧",如奴役和迫害科学家。②抨击利用科技败坏风俗、牟取暴利。③倡导科技道德,学习科学家高尚的道德品质。④重视生态伦理,倡导热爱自然、善待动物。
圣西门 (1760－1825)	①高度评价科技专家的作用,认为他们都是从事伟大事业的、道德高尚的人。②主张把权力交给科学家和实业家。③道德随实业的发展而完善,科学技术是人类实现幸福的手段,是美德的源泉。
欧文 (1771－1858)	①揭露科技与道德对立的根源是资本主义社会对财富的使用不当。②探讨善恶与环境的关系。③通过学习科技培育和提高道德,塑造知识能力和道德人格全面发展的人。

2.1.3 宗教改革和新教伦理对科学技术的影响

近代科学作为一种革命力量,是在血与火的洗礼中走上历史舞台的。哥白尼遭迫害、布鲁诺被火烧、伽利略被监禁等等,都表明了近代自然科学是在同封建专制和宗教神学的斗争中诞生的。16世纪文艺复兴运动和宗教改革所确立的新教伦理精神为科学技术的进一步发展提供了精神动力。① 美国著名社会学家罗伯特·默顿(Robert King Merton,1944－2003)系统地研究了新(清)教伦理与近代科技发展之间关系,他认为,新教伦理主要从以下三个方面为近代科学技术奠定了思想基础。

第一,新教伦理承认了科学技术巨大的"善"的作用,肯定了科学技术的道德地位,从思想上放松了对科技活动的禁锢。贝尔纳(John Desmond Bernal,1901－1971)指出"古代哲学不屑于对人有用,而满足于保持停滞不前的状态。它主要研究道德完美的理论,想去解决无法解决的谜团,想去规劝人们到达无法达到的心理境界。这些理论是如此崇高,以至于永远不过是理论而已。它无法屈身从事为人类

① 刘则渊. 现代科学技术发展导论[M]. 大连:大连理工大学出版社,2003.16

谋安乐的低贱职能(指科学技术活动)。一切学派都把这种职能看作是有失身分的;有的甚至斥之为不道德的。"①但是,"清教与天主教不同,它逐渐表现出对科学的宽容,它不仅容忍而且需要科学事业的存在。"②默顿认为,新教伦理承认科学技术地位的原因主要来自两个方面。一方面,早期的资本主义发展强烈要求科学技术的发展。清教徒中有很多资本家和商人,他们出于自身发展的目的,积极要求对于科学技术予以宗教道德层面的承认,他们认为科学技术的发展不仅可以造福于人类,而且可以为资本主义的发展提供强大的理论基础和经济动力;另一方面,科学技术本身所具有的功利主义和经验主义特点更投合清教徒的口味。"清教主义与科学最为气味相投,因为在清教伦理中居十分显著位置的理性主义和经验主义的结合,也构成了近代科学的精神实质。随着新教的出现,宗教提供了这种兴趣——新教实际上给人们强加了一些义务和职责,使其注意力高度集中于世俗活动,并且强调经验和理性是行动和信仰的基础。"③同时,"新教伦理已渗透到科学领域中,并在科学家对待科学工作的态度上打上了不可磨灭的烙印,在表达自己的动机、预见可能的反对意见时,以及在面对实际的责难时,科学家便在清教教义中寻找相似的动机、认可和权威。"④尽管新教伦理对科学的宽容是有一定的限度的,但在这一限度内,科技活动足以成为光明正大、理直气壮的活动,为日后的迅速发展扫清了思想障碍。

第二,新教伦理对科学技术的认同,改变了人们的职业观念,使得科学研究成为有尊严的、高尚的、令人向往的职业。"科学变得时髦起来,也就是说:它得到了人们的高度赞许。英国国王查理二世(Charles II Mauvais,1630 – 1685)、马修·黑尔爵士(Sir Mat-

① J. D. 贝尔纳. 科学的社会功能[M]. 陈体芳译. 桂林:广西师范大学出版社,2003. 10
② R. K. 默顿. 科学社会学(上册)[M]. 北京:商务印书馆,2003. 316
③ R. K. 默顿. 科学社会学(上册)[M]. 北京:商务印书馆,2003. 323
④ R. K. 默顿. 十七世纪英国的科学技术与社会[M]. 北京:商务印书馆,2000. 122 – 123

thew Hale，1609－1676）……都对科学大加赞许，甚至亲自研究科学。"①"清教主义改变了社会取向，它导致确立起来一个新的职业等级，这一等级的标准就是赋予自然哲学家的声望。"②"这时清教主义的确发挥了有助于把科学更坚定地确立为一种社会上受人尊重的事业这种功能。清教循着一个方向走的结果是不可避免地废除宗教对科学工作的限制，被当作一种社会力量的宗教伦理是如此把科学奉为神圣，以致使它成为一个受到高度尊重和推崇、并且值得称赞的关注中心。正是这一社会主导精神，通过驱除贬损科学的社会态度的梦魇而灌输有利于科学的态度，促进了科学的发展。"③弗兰西斯·培根（Francis Bacon，1561－1626）认为，"科学改善人类的物质条件的这种力量，不仅具有纯属世俗的价值，按照耶稣基督的救世福音教义看来，它还是一种善的力量。"④正是这种对善的追求，对"增添上帝的荣耀"的努力，使得人们纷纷从事科学研究活动。可以认为，正是由于新教伦理的职业观，使得近代欧洲出现了很多伟大的科学家，例如：伽利略（Galileo Galilei，1564－1642）、惠更斯（Christian Huygens，1629－1695）、波义耳（Robert Boye，1627－1691）、牛顿（Isaac Newton，1643－1727）等等，进而推动了近代科学技术迅速发展。

第三，新教伦理对近代科学技术的产生和发展也是有消极影响的。这不仅表现在宗教裁判所对科学家的迫害上，也表现在新教伦理本身所具有的道德缺陷上。恩格斯（Friedrich Engels，1820－1895）曾指出："新教徒在迫害自然科学家的自由研究上超过了天主教。塞尔维特正要发现血液循环理论过程的时候，加尔文便烧死了他，并且活活地把他烤了两个钟头；而宗教裁判所只是把乔尔丹诺·布鲁诺简单地烧死便心满意足了。"⑤同时，在道德方面，新教

① R. K. 默顿. 科学社会学(上册)[M]. 北京：商务印书馆，2003. 57
② R. K. 默顿. 科学社会学(上册)[M]. 北京：商务印书馆，2003. 325
③ R. K. 默顿. 科学社会学(上册)[M]. 北京：商务印书馆，2003. 330
④ R. K. 默顿. 科学社会学(上册)[M]. 北京：商务印书馆，2003. 317
⑤ 钱时惕. 科学与宗教关系及其历史演变[M]. 北京：人民出版社，2002. 69

伦理一方面提倡大胆创造、自由研究、平等讨论等新的道德风尚，另一方面又不可避免地打上宗教的烙印和充满资本主义的价值理念。它不会允许有对"上帝"提出质疑的科学理论出现，它要保障《圣经》的绝对权威。总之，新教伦理不可能左右近代科学技术的产生，但是，它却影响了近代科学技术的产生。它虽然不是从主观上有意地促进科学技术的发展，但是，在客观上它不仅为近代科学技术在神学的缝隙里找到了生存之路，而且也塑造了近代科学研究者的科学伦理精神。

2.2 处于"职业活动"时期的科技管理伦理思想

18世纪80年代到19世纪末，是近代科学技术向深度和广度拓展，欧洲自然科学进入全面变革的黄金时代，化学、物理学、地质学和生物学相继发生革命，构建起整个自然科学的完整大厦；同时资本主义由自由竞争发展到垄断阶段，生产的社会化有了巨大的进展，科学技术活动进一步社会化、建制化和职业化。1871年，英国的剑桥大学建立了卡文迪许实验室，1876年，美国著名的发明家爱迪生（Thomas Alva Edison，1847－1931）建立了世界上第一个工业研究所，之后许多大企业都相继建立了相类似的研究所，科学研究由先前的自由的个体劳动向集体劳动转变，这样就出现了科技活动中的分工与协作问题，从而需要有专门的组织者来加强科技工作的计划、组织、指挥和协调。于是，产生了许多才华出众的科技专家来管理科技工作，这些专家既是管理者又是学术带头人，如卡文迪许实验室（Cavendish Laboratory）的历届主任几乎都是当时该学科领域的学术权威，因此，人们称科技发展的这一阶段为集体研究阶段，其体制为科技专家的权威管理体制。这一时期的科技管理伦理思想处于生成时期，其主要内容包括处理好科学共同体和企业科技管理中的伦理问题，同时，由于科学技术的社会作用增强，引发了社会各界对科学技术的社会地位和作用的伦理评价和伦理化管理。

2.2.1 科学共同体的道德规范

科学共同体(Scientific community)是 1942 年英国科学家和哲学家波兰尼(MichaelPolany，1891 – 1976)首次提出的一个概念，他在《科学的自治》一文中将这一概念解释为"按地区划分的科学家群体"。1962 年，美国著名科学哲学家托马斯·库恩(Thomas Samuel Kuhn，1922 – 1992)在《科学革命的结构》一书中指出："凡是一些科学成就足以凝聚一批坚定的同行，又足以为重新组合的科学工作者群体留下各种有待解决的问题的，都可以叫范式。"①库恩在《再论范式》一文中又指出："'范式'(paradigm)一词无论实际上还是逻辑上，都很接近'科学共同体'这个词。一种'范式'是、也仅仅是一个科学共同体成员所共有的东西。反过来说，也正是由于他们掌握了共有的'范式'才组成了这个科学共同体，尽管这些成员在其他方面并无任何共同之处。作为经验概括，这正反两种说法都可以成立。"②按照库恩的观点，科学是由按一定"范式"组成的科学家群体推动向前的，这个群体又由于遵循共同的"范式"而结成一定的共同体。科学共同体是推动科学"范式"不断革命、向前发展的主体，而"范式"则是科学共同体形成的"凝聚力"。在 19 世纪以前，科学与技术还没有密切结合，科学家大多是凭兴趣进行科学研究的业余爱好者，松散的各种协会成为科学家们进行学术交流的常见形式。最早的科学社团是意大利罗马的林切学院，伽利略是 32 名院士之一。稍后有 17 世纪成立的英国皇家学会、法国科学院、意大利的齐门托学院，18 世纪成立的德国柏林学会、美国哲学协会、英国伯明翰的太阴学会等等。虽然这是科学共同体的早期形式，但是这时的科学家无论从人数上还是从影响力来看，都还是个别现象。19 世纪下半叶以后，随着科学分类越来越细，科学在社会中的应用和影响也越来越大，特别是由技术革命带

① ［美］T. S. 库恩. 必要的张力［M］. 纪树生等译. 福州：福建人民出版社，1981. 290
② ［美］T. S. 库恩. 必要的张力［M］. 纪树生等译. 福州：福建人民出版社，1981. 81

来的工业革命发展，社会分工细化，靠科学家个人以及松散的形式已经不能胜任解决社会提出的科学技术问题的需要，以一定的研究目的结合起来的科学家群体成为一种社会职业，而这种科学家职业化的趋势又推动了各种学术组织的成长和壮大，科学家之间的联系由此而紧密起来，科学共同体形成并成长壮大起来。

由于科学共同体社会地位的提高，由此带来的物质财富的增长，以及功利主义的影响，科技活动中的管理伦理问题开始出现。主要表现为：（1）捏造事实，维护骗术。例如17、18世纪流行于欧洲的降神术，一些科学家不仅不揭露降神术、神媒的欺骗性，反而运用科学知识对它们加以维护，使科学成了维护虚假、捏造事实的工具；（2）剽窃成果，争夺名誉。例如，美国科学家韦尔斯的学生莫顿发明了乙醚麻醉剂，在他申请专利权时，韦尔斯和曾经启发他这项发明的化学教授杰克逊都来争夺专利权。他们在相互争夺中，互相诋毁，最后，杰克逊得了精神病，韦尔斯自杀身亡，莫顿也因高血压脑出血而死去，成为科学界的遗憾；（3）学术权威高傲、武断，使科学新秀的正确理论受到压制和埋没。长期以来，对于光的解释就存在着微粒说和波动说。但是，由于牛顿支持微粒说，因此，很多原本支持波动说的科学家迫于牛顿的威名不能坚持自己的理论，直到"泊松亮斑"的发现，才使波动说重新获得了新生。此外，法国天才数学家伽罗华（Evariste Galois，1811－1832）的群论在科学权威的论断中三次被淹没，挪威数学家阿贝尔（N. H. Abel，1802－1829）的"五次方程的代数解法不可能存在"的论断也在德国数学家高斯（Gauss，1777－1855）、法国数学家柯西（Cauchy，1789－1857）的独断下，15年之后才重见天日，这些都是科学权威对科学技术发展造成的阻碍；（4）在同宗教道德斗争中，意志薄弱，不能把科学真理坚持到底。近代科技界出现的这些道德缺陷使得很多学者痛心疾首，对此予以了激烈的批判。法国哲学家、经济学家、空想社会主义者傅立叶（Francois Marie Charles Fourier，1772－1837）曾指出："有些卑鄙的小人不是利用科学技术为民造福，而是利用科学技术制造伪劣产品，毒害群众、牟取暴利，这是不道德的行为，败坏风俗，沦丧道德"。"在社会上，由于法律失控，也由于道德失调，因此社会上赝品到处可见，欺骗到处可见。由于科学技术发展和工业发展，伴随而来的是风俗败坏，道德沦丧"。为此，傅立叶号召："为防止道德沦丧，要正确对待科学，正确利用科学。"①

一些科学家和思想家们探讨了科学共同体的社会规范，奠定了科技管理伦理准则基础。例如，默顿曾经为科学共同体提出了著名的"四项原则"。他认为，科学的精神气质是保证科学共同体存在和运行的社会规范，"科学的精神气质是有感情情调的一套约束科学家的价值和规范的综合体。这些规范用命令、禁止、偏爱、赞同等形式来表示。它们借助于习俗的价值而获得合法地位。这些通过格言和例证来传达。通过法令而增强的规则在不同程度上被科学家内在化了，于是形成了他的科学良心。"②默顿将这个良心概括为科学家应当遵守的"四项原则"，即：普遍性、公有性、无偏见性、有条理的怀疑性。这"四项原则"是默顿分别从保证科学研究成果的客观性、保证科学共同体内部竞争合作、保证科学为人类利益服务、保证科学研究的自由和民主四个方面关系的协调出发提出来的。经担任过美国国家科学院院长的弗兰克·普雷斯(Frank Press)在《论做一名科学家》一文中指出：科学共同体的社会机制由十个方面的内容构成：(1)科研成果的同行评议——作为科学家之间交流、传播科学技术研究成果，监督、评议和控制研究成果质量的机制；(2)重复试验和公开交流——检验和保证研究结果公开性的机制；(3)科学进步——通过疑义、证伪不断更新科学理论的机制；(4)科研成果的属名制度——纠正科研中的人为错误、保证科研质量的机制；(5)公开出版和评议——监督和杜绝科学家弄虚作假的机制；(6)论文排名和引文索引——把在科学研究上应得的荣誉分配给做出贡献的人的机制；(7)科研论文和科研成果排名——科研合作中按贡献大小分配荣誉和确定责任的机制；(8)高级合作者与初级合作者之间的排名——解决主持科研工作与参与科

① 李庆臻，苏富忠，安维复. 现代科技伦理学[M]. 济南：山东人民出版社，2003. 29
② R. K. Merton. Science and the Social Order. Philosophy of Science. 1938. 5：327－337

科技管理伦理导论

研工作的人之间合作的荣誉分配问题；（9）科学家的诚实——杜绝科学不端行为（如剽窃）的个人内在机制；（10）坚持科学的求实精神——保证科学内部免受各种外部因素干扰、客观原则免受主观因素侵蚀、保护科学的社会信誉的机制等①。普雷斯所概括的这些科学共同体内部的社会关系及协调这些关系的机制，在确保科学共同体外部的社会地位和进行科学共同体内部的伦理化管理过程中发挥了重要作用，为今天科技管理伦理规则的制定提供了宝贵的经验借鉴。

2.2.2　技术活动和生产中的科技管理伦理思想

企业作为一种组织形式对技术活动和技术性生产活动的管理，促进了科技管理的正规化、系统化、理论化。科技管理成为运用科学管理理论对企业科技活动进行决策、实施有效的计划、组织、指挥、调节和控制的活动，其组织模式如图2－1所示②。

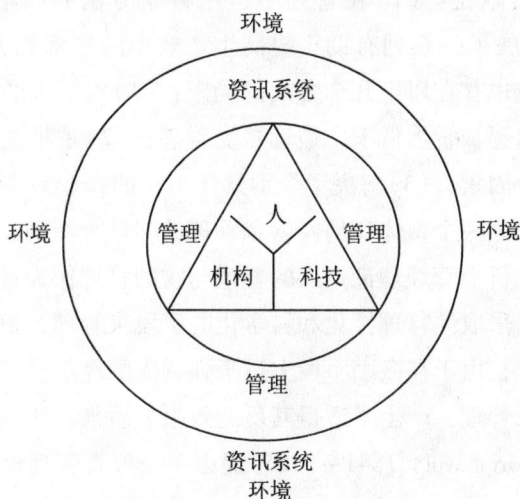

图 2 － 1　企业科技管理的组织模式

Chart 2 － 1　Organizing mode of sci － techadministration in enterprises

①　郭传杰等主编. 维护科学尊严[M]. 长沙：湖南教育出版社，1996. 226 － 240
②　[英]梅文·席尔曼. 科技管理学[M]. 台北市：牛顿出版社，1986. 124

由图 2 - 1 可见，企业科技管理的组织模式，包括由以人、科学技术和科技管理的组织机构为核心的三层系统，其中资讯系统是沟通企业与社会环境之间联系的信息媒介。显然，企业科技管理也是建立在科学管理理论的基础之上的。科学管理理论的产生和发展对企业管理进而对企业科技管理都产生了重大影响。

科学管理是为了适应组织的发展、检验和提高组织机构工作效率的需要而产生的。19 世纪后半叶，作为工业革命的后期，技术进步、能源更新、劳工关系发展提出了将所有这些因素通过系统化的管理实践转化成某种和谐的局面的需要。科学管理之父泰罗（Frederick Winslow Taylor, 1856 - 1915）从 1878 年开始对管理科学探索，到 1903 年，以他的著作《车间管理》出版为标志，科学管理理论诞生了。科学管理理论的基本内容可以概括为以下五个方面：（1）工作定额；（2）能力与工作相适应；（3）标准化；（4）差别计件付酬制；（5）计划和执行相分离，管理的目标是把"蛋糕做大"，劳资双赢①。科学管理理论的主要贡献是：（1）在管理中运用科学方法和科学实践精神；（2）创造和发展了一系列有助于提高生产效率的技术和方法。但是，科学管理理论也存在以下几个方面的局限：（1）对工人的看法是错误的，如利益追逐，智力低下，被动接受管理；（2）重视技术因素，忽视人群的社会因素；（3）解决了个别具体工作的作业效率问题，而没有解决企业作为一个整体如何经营和管理的问题。特别是从伦理学的角度来分析，科学管理理论把人的管理与物的管理作为具有同样性质的管理对象，采取纯粹理性化和科学化的手段来管理，很难产生良好的效果。同时，由于在激励手段上过于强调人的经济性，一味强调采取经济手段来管理，产生了适得其反的效果。后来，法国著名管理学家法约尔（Henri Fayol, 1841 - 1925）提出了一般管理理论，美国行为学家梅奥（George Elton Myao, 1880 - 1949）在霍桑实验的基础上提出了人际关系理论，在一定程度上弥补了这些方面的不足。如法约尔把管理人员的正式权力与个人权利区别开来，强调在行使权力时承担责

① 徐国华，赵平编著．管理学［M］．北京：清华大学出版社，1989.32 - 36

任，强调组织中的个别利益要服从整体利益，要重视个人的道德品质，提出公平和公道的概念等。梅奥总结了霍桑实验的经验教训：(1)批判了科学管理把人当作"经济人"，认为影响人们生产积极性的因素，除了物质方面的以外，还有社会和心理方面的，如他们追求人与人之间的友情、安全感、归属感、受人尊敬等；(2)指出企业中存在着非正式组织。在正式组织中，以效率逻辑为其行动标准，企业各成员保持形式上的协作。在非正式组织中，以感情逻辑为其行动的标准，工人们为了感情而采取行动；(3)生产效率主要取决于职工的工作态度以及他和周围人的关系。作为管理者不仅要考虑职工的物质需求，还要考虑他们的精神需求。因此，应当采取管理培训、民主决策、加强意见沟通、重视非正式组织的作用等管理方式方法。梅奥还提出了适用于企业之外的其他组织的一般管理理念、原则和方法，为科技管理中人与人之间关系的伦理调节提供了组织理论的依据。

总体而言，这一时期的企业管理表现出以"经济人"为基础，以效率为核心，以经济管理为重点的倾向性。管理行为趋于功利化，道德价值取向被拒斥；管理手段趋于非道德化，与伦理目的相背离；人的发展趋于片面化，人格出现分裂；经济与伦理相分离，管理与伦理也相对立起来。

由于科技管理具有与企业管理不同的特点和规律性，科学管理中的人性化管理——伦理管理不足的一面表现得就更为明显①。科技管理的特殊性在于：(1)科研工作是一种创造性的脑力劳动，创造性是其区别于一般性生产劳动、即重复性生产劳动的根本特征；(2)科学创造活动具有不确定性和风险性，层次越高、研究的风险性就越大；(3)科学劳动具有继承性和积累性的特征，需要长期的探索、付出艰辛的努力。因而，科技管理的特殊性，表现为具有较大的灵活性，即管理的柔性、弹性、机动性、整体性、协调性、长远性、预见性等。这些特性使得管理理论所遭遇的人性化、伦理化挑战更加敏感、尖锐。恰如英国学者梅文·席尔曼(Melvyn Thielemans)形象地描述的：

---

① 沈玉春等编著. 科技管理[M]. 科学技术出版社，1993.46－47

这种挑战使人们意识到本来应当作为一个完整统一体的科技管理，被割裂成为两个不相干的部分，"其一边是使用逻辑及其一致性以处理自然科学方面的问题，而另一边则处理社会科学方面有创造力和革新的问题。"（如图2-2所示）①

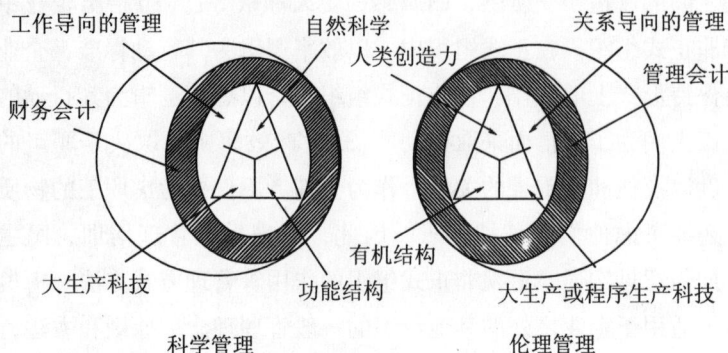

图2-2　企业科技组织的双边管理模式
Chart 2-2　Bilateral administrative mode of sci-tech
departments in enterprises

图2-2中的两个部分，可以看作是企业科技管理中的一个"组织球"被切面分割的两个部分，一部分是科技管理者根据定义比较完整的自然科学的理性的管理工作，另一部分是基于定义不完整的、产生革新所需要的与情感相关的工作，这两个方面是科技组织管理必须相互结合的两个方面的工作。可见科技管理中的伦理调节已经引起了科技管理研究的高度重视。

2.2.3　马克思主义的科技管理伦理思想

马克思（Karl Heinrich Marx，1818－1883）和恩格斯是从科学技术的社会本质及其与整个社会发展关系的角度来认识科技管理的。在众说纷纭的对科学技术的批判声浪之中，马克思、恩格斯主张通过克服

① ［英］梅文·席尔曼. 科技管理学［M］. 台北市：牛顿出版社，1986. 124

社会制度的缺陷来从根本上改进对科学技术的管理。

首先，他们高度评价科学技术的社会作用，认为："社会的劳动力，首先是科学的力量。"①科学是"历史的有力杠杆……是最高意义上的革命力量。"②"现代自然科学与现代工业一起变革了整个自然界，结束了人们对于自然界的幼稚态度和其他的幼稚行为……。"③"蒸汽和新的工具即把工场手工业变成了现代的大工业，从而把资产阶级社会的整个基础革命化了。"④他们认为科学技术作为人类能力的发挥，就其本质而言，它是一种推动社会前进的决定性力量，而不是一种消极的统治人的异己力量。但是，他们在研究大工业对农业社会的生产关系所产生的影响时，并未局限于揭示这种积极的作用，而是揭示了由此导致的双重社会后果。马克思指出"机器消灭了工作日的一切道德和自然界限。由此产生了经济学上的悖论，即缩短劳动时间的最有力的手段，竟变为把工人及其家属的全部生活时间转化为受资本支配的增殖资本价值的劳动时间的最可靠的手段。"⑤"资本主义生产使它汇集在各大中心的城市人口越来越占优势，这样一来，它一方面聚集着社会的历史动力，另一方面又破坏着人和土地之间的物质变换，也就是使人以衣食形式消费掉的土地的组成部分不能回归土地，从而破坏土地持久肥力的永恒的自然条件"。⑥ 马克思主义创始人关于资本主义条件下科学、技术、工业、农业、社会、环境之间复杂关系的一系列论述，对于如何避免以牺牲农业、破坏农村、剥夺农民为代价的传统工业化老路，走依靠科技进步促进工业与农业、经济与社会、人与自然之间全面、协调、可持续发展的道路，仍具有指南的作用。

其次，马克思、恩格斯在揭露资本主义条件下科学技术的进步强化了对工人的奴役时，并没有把科学技术本身当作产生非人道化的罪

① 马克思，恩格斯. 马克思恩格斯全集(19) [M]. 北京：人民出版社，1956－1985. 375
② 马克思，恩格斯. 马克思恩格斯全集(19) [M]. 北京：人民出版社，1956－1985. 572
③ 马克思，恩格斯. 马克思恩格斯全集(7) [M]. 北京：人民出版社，1956－1985. 241
④ 马克思，恩格斯. 马克思恩格斯全集(3)[M]. 北京：人民出版社，1956－1985. 301
⑤ 马克思. 资本论(1)[M]. 北京：人民出版社，2004. 469
⑥ 马克思. 资本论(1)[M]. 北京：人民出版社，2004. 578

恶之源，而是透过物（科学技术）对人的统治进一步揭示人对人的统治，把批判引向资本主义制度。因为在马克思看来，社会关系的性质对科学技术的社会功能和政治效应具有决定性的影响，科学技术究竟在什么样的场合、以什么样的角色出现主要取决于社会的生产方式，取决于一定生产关系下的人，取决于一定社会制度下的统治阶级。在资本主义社会中，"科学对于劳动来说，表现为异己的、敌对的和统治的力量。"①"一方面，机器成了资本家阶级用来实行专制和进行勒索的最有力的工具，另一方面，机器生产的发展为用真正社会的生产制度代替雇佣劳动制度创造必要的物质条件。"②克服这种消极作用的途径不在于消灭科学技术，而在于根本改变科学技术的资本主义生产方式。"我们知道要使社会的新生力量（科学技术——引者注）很好地发挥作用，就只能由新生的人来掌握他们，而这些新生的人就是工人。"③显而易见，依据马克思主义的观点，科学技术的所谓政治功能，并不是其本身固有的，而是在人们运用过程中赋予它的。同时，科学技术作为第一生产力，它在社会中的地位和职能也日益受到社会政治经济制度和其他社会因素的制约和影响，因此，只有具备必要的社会前提，才能建立和完善符合科学技术发展客观规律的新的运行机制，从而有效地协调科学技术与社会政治、经济、文化的相互关系，更好地发挥它在认识和改造自然、社会中的伟大作用④。

最后，马克思、恩格斯提出共产主义是自然主义和人本主义的高度统一，是解决科学技术发展带来的人与自然、人与人之间新的矛盾与冲突的最终途径。马克思在《1844年经济学——哲学手稿》中指出，"共产主义是私有财产即人的自我异化的积极扬弃，因而也是通过人并且为了人而对人的本质的真正占有；因此，它是人向作为社会的人即合乎人的本性的人的自身的复归，这种复归是彻底的、自觉的、保存了以往发展的全部丰富成果的。这种共产主义，作为完成了的自然

① 马克思，恩格斯．马克思恩格斯全集(47) [M]．北京：人民出版社，1956-1985.571
② 马克思，恩格斯．马克思恩格斯全集(16) [M]．北京：人民出版社，1956-1985.357
③ 马克思，恩格斯．马克思恩格斯全集(26) [M]．北京：人民出版社，1956-1985.4
④ 任凯．评哈贝马斯的科学技术观．学术交流．1995，1：76-81

主义，等于人本主义，而作为完成了的人本主义，等于自然主义；它是人与自然界之间、人和人之间的矛盾的真正解决，是存在和本质、对象化和自我确立、自由和必然、个体和类之间的抗争的真正解决。它是历史之谜的解答，而且它知道它就是这种解答。"①阐明了只有共产主义才能实现自然主义与人本主义的统一，才是人与自然、人与人之间矛盾解决的根本出路，这一思想为指导国家的科技管理奠定了伦理基础②。

2.3 处于"国家意志"时期的科技管理伦理思想

20 世纪 40 年代以来，由于科学技术迅速发展，规模越来越大，学科划分越来越细，综合性、复杂性也越来越强，科学技术的社会地位和作用越来越突出，开始出现了"大科学"的特点。科学技术职业化管理的方式也越来越不适应现代科学技术的发展与社会发展的需要。于是，出现了由国家出面来组织和管理科学技术工作，由一些既懂科学又懂现代管理的专家担任政府科技管理工作职责的时期，如美国 20 世纪 40 年代投资 20 亿美元的"曼哈顿工程"，60 年代投入 40 多万人力、300 亿美元的"阿波罗登月计划"等等，都标志着人类的科技活动已经开始了由国家统一组织管理的新时期。这一时期的科技管理伦理思想主要表现为作为国家管理的科技计划和政策伦理，无论在科技发达的大国，还是发展中国家都体现了有建制的科技管理伦理的特点。

2.3.1 战争与国家科技管理伦理

科学社会学家贝尔纳(John Desmond Bernal, 1901 – 1971)认为，

① 马克思.1844 年经济学——哲学手稿.[M]刘丕坤译.北京：人民出版社，1979：73
② 刘则渊.论科学技术与发展[M].大连：大连理工大学出版社，1997.193

国家对科学技术的管理，最典型的领域莫如将其用于战争取得胜利的努力①。现代科学技术发展的时期正是资本主义扩张、战争频仍的时期。无论是纳粹还是爱国主义都与战争密切相关，战争改变了科学技术的历史。"在过去历史中，科学一直被认为是超然于斗争之外的。例如在拿破仑(Napolean Bonaparte，1769－1821)战争期间，英国化学家戴维(Humphry David，1778－1829)不仅获准前往法国访问，而且还受到拿破仑本人的隆重接待，虽然戴维的某些工作是具有军事价值的。"②到了两次世界大战时期，战争与科技活动的关系发生了巨大的变化。"科学家们第一次发现自己成为各自政府不可或缺的任务，而不是可有可无的人物了。"③"这并不是由于科学家具有好战的特性，而是因为战争的需要比其他更为急迫。各国君主和政府不那么乐于向其他研究工作提供津贴，却很乐于向军用研究工作提供经费，因为科学界能研制出新的装备，而这种装备由于十分新颖，在军事上极为重要。"④科学成为政府和军队的工具与手段，在战争中备受关注。在第一次世界大战中，很多科学家被迫送到前线、战死沙场。而"随着战争拖延下去，政府就把科学家们留在国内，以便改进现有的毁灭性武器、发展新武器和应付敌国新发展的武器。"⑤科学成为在战争中取得胜利的关键力量。"科学家的协作达到前所未有的程度。问题不在于少数技术人员和发明家把众所周知的科学原理都加以应用，而在于所有国家都对本国科学家实行总动员，其唯一目的就是为了在战争期间提高现代化武器的破坏力并且设计出防护方法，以应付对方在现代化武器方面所取得的进展。"⑥科学的这种为战争服务的态度，"使科学家变成国家的仆人、或者更确切地说，变成国家的奴隶，科学本身则变成国家宣传的内容之一。"⑦

① J. D. 贝尔纳. 科学的社会功能[M]. 陈体芳译. 北京：商务印书馆，1986.195
② J. D. 贝尔纳. 科学的社会功能[M]. 陈体芳译. 北京：商务印书馆，1986.251
③ J. D. 贝尔纳. 科学的社会功能[M]. 陈体芳译. 北京：商务印书馆，1986.251
④ J. D. 贝尔纳. 科学的社会功能[M]. 陈体芳译. 北京：商务印书馆，1986.71
⑤ J. D. 贝尔纳. 科学的社会功能[M]. 陈体芳译. 北京：商务印书馆，1986.251
⑥ J. D. 贝尔纳. 科学的社会功能[M]. 陈体芳译. 北京：商务印书馆，1986.72
⑦ J. D. 贝尔纳. 科学的社会功能[M]. 陈体芳译. 北京：商务印书馆，1986.227

德国法西斯政权——纳粹，利用"优生学"、"生物学"和"社会学"为理论根据，鼓吹爱国主义和种族主义。贝尔纳指出，德国的纳粹主义"破坏了德国的科学精神，破坏了人们对耐心而精确地探索世界结构的爱好，破坏了对纯科学真理的内在价值的信仰。"①英国威廉·拉姆塞(William Ramsay, 1852－1916)也指出："科学的目的是探索未知事物的知识；应用科学的目的是改善人类的命运。德国人的理想离开真正的科学家的概念实在是不能再远了；对于一切有正确思想的人来说，他们提出的所谓的为人类造福的方法是令人厌恶的。"②纳粹主义巧妙地运用科学家对爱国主义的信仰为纳粹服务，以达到他们的卑劣目的。法西斯头子希特勒(Adolf Hitler, 1889－1945)认为："种族国家也应该把科学看作是培养民族光荣感的手段，不但应从这个观点来教授世界史，而且还应该从这个观点讲授整个文化史。一个发明家不仅要作为发明家而显得伟大，而且更要作为民族的一员而显得更为伟大。对于每一项伟大成就的钦佩情绪必须变成因为这个幸运的成功者属于本民族而深感自豪的情操。"③这时，科学技术不仅成为纳粹的工具，而且还参与到对非日尔曼民族人民和社会主义分子的迫害中来。

日本的军国主义同样不逊色于德国。日本1890年公布的"教育敕语"，在社会思想和意识形态方面确立了国家主义的最高地位。哲学、伦理学等各门社会科学都成为为国家主义服务的御用理论。这些日本社会科学家认为只有在国家中人类才可以获得人格的巨大发展。这样在伦理观上就突出了"忠君爱国"的国民道德意识，成为军国主义的吹鼓手④。在国家主义的指导下，日本军国主义的行为同样是惨无人道的。那些设立在中国大地上的日本细菌研究所，成为日本军国主义利用科学进行非人道细菌实验的重要基地。一些细菌科学家、医生、传染病专家在这里埋头工作，他们培育出各种各样的细菌，并用中国百姓做活体实验。很多人在细菌实验中活活被折磨死，既使是那

53

① J. D. 贝尔纳. 科学的社会功能[M]. 陈体芳译. 北京：商务印书馆，1986. 267
② J. D. 贝尔纳. 科学的社会功能[M]. 陈体芳译. 北京：商务印书馆，1986. 267
③ J. D. 贝尔纳. 科学的社会功能[M]. 陈体芳译. 北京：商务印书馆，1986. 311
④ 李萍. 东方伦理思想史[M]. 北京：中国人民大学出版社，1998. 260

些没有死的少数人也因为细菌实验，身体健康受到了极大的损害。

与法西斯主义相对立的，是广大被压迫民族的爱国主义。战争使得纳粹主义变得狂热，也使得爱国主义高扬。爱国主义激励着科学家为国家的独立、免除压迫做出卓越的贡献。例如，苏联著名的宇航专家科罗廖夫（Koroliov Sergei Pavlovich，1906－1966）在1937年肃反扩大化中蒙受冤屈，被囚禁在西伯利亚一个荒无人烟的小岛上劳改。虽然处境艰难，但是，由于怀有一颗献身科技、热爱祖国的心，他仍然坚持科学研究，在被囚禁的日子里设计了有名的"喀秋莎"火箭炮，为苏联取得卫国战争胜利做出了贡献。1957年，科罗廖夫又大胆采用捆绑式火箭，使苏联成功地发射了世界上第一颗人造地球卫星，震动了世界。很难想象，直到1961年苏联发射第一艘载人飞船，他仍然还是一个被监视性"保护"的设计大师①。科罗廖夫并没有因为国家对它的冤枉而改变自己对国家的忠诚与信仰，在他身上充分体现了一个科学家任劳任怨的爱国品质。

2.3.2　科学家对科学社会责任的反思

科学作为国家事业特别是在战争中的作用，使很多科学家对于科学应用于不道德的事业深感不安。"许多而且人数愈来愈多的科学家们认识到，科学工作并不终止于实验室；科学家应该首先关注自己和同僚的工作条件并且最终还要关心使科学可以继续存在下去的社会状态。"②他们奔走呼吁，希望把科学应用于为人类谋求最大福利的事业中来，强调伦理道德对现代科学技术的调控作用。在这方面，诺贝尔（Alfred Bernhard Nobel，1833－1896）、居里夫人（Marie Curie，1867－1934）、爱因斯坦，堪称科学家中的道德典范。诺贝尔曾对炸药的研究做出了巨大的贡献，从他的初衷看来，研究炸药虽然是非常危险

①　罗国杰，宋希仁编著．西方伦理思想史（下卷）[M]．北京：中国人民大学出版社，1988. 164

②　J. D. 贝尔纳．科学的社会功能[M]．陈体芳译．北京：商务印书馆，1986. 529

的工作，但是，因为炸药可以帮助人们开山、开矿井，因此，他非常乐意冒着生命的危险研究炸药。而当他发现炸药在战争中夺走了无数人生命的时候，他陷入了深深的自责中。1895 年 11 月 27 日，他在所立的遗嘱中决定，将其财产换成现金，设立基金，促进科学和和平的事业①。第二次世界大战期间，爱因斯坦为反对战争、维护和平而奔走世界各国，他曾到世界各地发表谴责希特勒发动战争的演说。1939 年，他获悉铀核分裂核链式反应的发现后，理解到法西斯德国正在积极从事原子弹的研究。于是，他写信给美国总统罗斯福，建议美国着手研制原子弹，以免纳粹德国抢先、给人类造成无穷灾难。然而，美国在二战结束前夕，在日本广岛和长崎投掷原子弹，剥夺了20 多万平民的生命，这给他以意外的打击，使他感到无限的痛苦和矛盾。后来，爱因斯坦在加利福尼亚理工学院讲演时，对未来将从事科学研究工作的学生们说："如果你们想使你们一生的工作有益于人类，那么，你们只懂得应用科学本身是不够的，关心人的本身应当成为一切技术上奋斗的主要目标，关心怎样组织人的劳动和产品分配这样一些尚未解决的重大问题，用以保证我们科学思想的成果会造福于人类，而不至于成为祸害。"②同样，居里夫人在道德对科技的作用问题上也有其独到的见解，1905 年 6 月 6 日，居里夫妇在斯德哥尔摩演讲时说：镭的发现，丰富了我们的知识，它已经在为"善"服务，但是，它也可能为"恶"服务。居里夫妇深刻地认识到科学技术的负面作用和科学家的道德可以决定科学技术到底是"为善"还是"造恶"这个道理，因此，及时地向人们提出了善意的忠告。

美国著名技术哲学家卡尔·米切姆(Carl Mitcham)认为科学家的责任问题古已有之，它们可以被概括为"阿基米得(Archimede，公元前287–212)传统"和"伽利略传统"。所谓"阿基米得传统"是指他因担心自己在数学上的发现会被运用于实际工程而带来危险，拒绝撰写科学论文，亦即认为"科学有禁区"。而"伽利略传统"是指伽利略等科学家

① 李庆臻，苏富忠，安维复. 现代科技伦理学[M]. 济南：山东人民出版社，2003. 44
② 王健. 科技道德的功利原则[J]. 武汉科技大学学报(社会科学版). 2001，4：2

认为人们在自由创造时，不应屈从于外部任何意志。就是说科学家拥有追求科学真理并付诸实践的权利，而不用考虑它可能带来的令人不安的社会后果。伽利略正是因为履行自己的诺言而受到审判，成为"科学无禁区"的殉道者①。此后，科学只问是非，不计利害的观念却在现代科学中占据了统治地位。但是，二战后"伽利略传统"受到了广泛的质疑。如前所述，以爱因斯坦为代表的正义科学家们提出唤起"科学家的社会责任"的呼吁。科学界多次举办会议就核能利用、汽车和农药带来的环境污染、基因重组等问题，展开了对科学家的社会责任的广泛讨论，得到了科学界的广泛响应。如苏联著名科学家谢苗诺夫（Semionov Nikolai Nikolaevich，1896 – 1986）在第三次帕格沃什会议上发言时指出：随着科学的社会功能的日益增大，"科学家的社会责任，也就越来越大了，一个科学家不能是一个'纯粹的'数学家、'纯粹的'生物物理学家或'纯粹的'社会学家，因为他不能对他工作的成果究竟对人类有用、还是有害漠不关心。也不能对科学应用的后果究竟使人民境况变好，还是变坏采取漠不关心的态度。不然，他不是在犯罪，就是一种玩世不恭。这与现代科技发展的特点是不相符合的。"②科学家们在第三次帕格沃什会议上通过的《维也纳宣言》中声明："科学家由于他们具有专门的知识，因而相当早地知道了由于科学发现所带来的危险和约束，从而他们对我们这个时代最迫切的问题也具有一种特殊的能力和一种责任。"③可见，科学界逐步达成了有关责任原则的若干共识：第一，科学家不应当放弃追求科学真理与进步的责任；第二，科学家对科学应用所产生的和潜在的问题也应当确认应负的责任；第三，科学家对科学发展所带来的或可能发生的危险后果，负有公众教育的责任。科学界还探讨了要使这些原则付诸实现，就应当使类似核科学研究受到社会公众的监督并置于文官政府控制之下，而国家控制应隶属于国际社会控制，从而使科学及其应用造福于人类而不是危害于社会。这

① 卡尔·米切姆. 技术哲学概论[M]. 殷登祥等译. 天津：天津科学技术出版社. 1999：79 –80

② 刁生富. 论现代科学与研究的社会干预[J]. 社会科学家. 2001，3：29

③ 刁生富. 论现代科学与研究的社会干预[J]. 社会科学家. 2001，3：29

三条责任原则把"科学家追求真理的责任"和"科学家的社会责任"统一起来，确立了科学自由与社会责任相统一的伦理观。

科学界这一思想上的转变直接导致了工程伦理的产生。在20世纪初期，刚刚成立不久的工程师专业学会就通过起草伦理准则正式表达了对工程伦理的关注。尽管当时的伦理准则及相关的伦理学是相当狭隘的，但是毕竟激发了科学家和工程师的伦理意识，对后来的其他专业伦理学树立了榜样。例如，苏联科学家、宇航学的创始人齐奥尔科夫斯基(Chiolkovski Konstantin Eduardovich, 1857-1935)在1930年出版了《科学伦理学》一书，贝尔纳对科学与社会、科学家的责任与道义作了深入的研究，世界科学工作者联合会在1948年通过了《科学家宪章》，等等，这实际上是科学技术工作者在尝试解决科学研究与技术发明中的伦理的冲突，提出和概括科技管理伦理准则，使科技管理伦理理论化、规范化、制度化的过程。

2.3.3　第一份指导大国科技发展的纲领性文献

科学技术作为国家的事业，作为一种建制列入国家发展计划并给予财政拨款，是从第二次世界大战开始的。1944年11月7日，时任美国总统的富兰克林·罗斯福(Delano Franklin Roosevelt, 1892-1945)给新成立的科研开发局局长万尼瓦尔·布什(Vannevar Bush, 1890-1974)写了一封信，谈到如何把战争中行之有效的组织科研力量并迅速将它们转化为军事力量的经验，用于和平时期。信中提出了如何利用科技大幅度地改善国民的福利、如何改善战后人民的健康、如何组织公立与私立组织的研究活动、如何培养科技人才以保持美国的科技水平四个方面的问题。1945年7月5日，尼瓦尔·布什递交了一份由一流专家参与撰写的、著名的研究报告——《科学——没有止境的前沿》(以下简称《报告》)，正是它导致了美国此后的60年中后来居上，成为世界上首屈一指的科技大国。

在这份计划致罗斯福总统的一封回信中写道："我们民族中开创

精神仍然是朝气蓬勃的。开创者有完成它的任务的工具；科学则为他提供了广阔的尚未开发的处女地。这种探索给予整个民族和个人的报酬是极大的。科学的进步是我们国家的安全、我们身体的更加健康、更多的就业机会、更高的生活水准以及文化进步的一个重要的关键。"报告本意要回答罗斯福总统提出的四个问题，但实际上却起到了规划美国战后科技发展蓝图的作用，主要内容如下：（1）科学进步是必不可少的：科学应当是政府关心的事情，必须保障探索的自由；（2）以科学向疾病作斗争：医学的进步需要基础研究，政府应当通过拨款作为研究费用和研究补助金来扩大对医学基础研究的财政支持，需要建立独立的国家医学研究基金会；（3）科学与公共福利：在企业要开展工业研究，在政府要建立一个常设的科学顾问委员会，作为政府与科研机构联系的桥梁，加强科学情报的国际交流，制定联邦政府的研究开发预算，提高大学和研究机构的科研投入，创建国家研究基金会，以保证国家基础研究的发展；（4）更新科学人才：公民的智力是最重要的国家资源，我们的基础教育政策将决定这个国家科学的未来，战争使人才出现空缺，计划提供24000份大学奖学金和900份研究生研究补助金；（5）科学的复兴：我们战胜未来的人的能力取决于科学事业的进步，解决退伍军人入学接受教育的问题，解决战争期间对科学事业的种种限制；（6）实现目标的方式：制定政府资助科学研究的原则——科研经费要稳定并长期支持，成立管理基础研究资助的机构，创建国家研究基金会（宗旨、组织、职权、预算）。

这份计划表现出国家作为科技管理的主体对科技发展地位和作用的重视，同时也表现出国家对科学技术地位作用影响因素的全面考虑，包括国家和社会进步目标的考虑。这里蕴含的科技管理伦理思想主要有两个方面的表现：

第一，作为国家建制的科技管理具有系统性。《报告》系统地讨论了政府与科学的关系，一方面，它确认科学进步是一个国家繁荣、兴旺和安全的保证，指出科技创新是取得竞争大国核心地位的关键，强调科技发展需要国家的财力投入；另一方面，又看到"仅有科学是不够的"①，科学只是使国家进步的系列因素中的一个方面，科学的发展也取决于国家的进步。促进科技进步不能只考虑科学技术本身，对有关社会关系和作用应该有足够的重视，例如，公民的智力资源的重要性胜过自然资源，国家的基础教育政策将决定国家科学的未来，要充分发挥科技领导人才的作用等等，要保证科学技术最大限度地实现经济发展和社会福利的目标。这就使科学技术管理的目标纳入国家管理目标的大系统之中，为科技确立了更高层次的价值目标。正如爱因斯坦曾经指出的："科学不能创造目的，更不用说把目的灌输给人们；科学至多只能为达到目的提供手段。但目的本身却是由那些具有崇高伦理理想的人构想出来的。"②

第二，作为国家建制的科技管理具有操作性。《报告》提出：（1）成立国家研究基金会组织，成立有 15 个成员组成的理事会，提出了国家研究基金会的预算规模，1950 年通过了成立国家基金会的立法，在以后的年代里国家科学基金会（NSF）在促进美国基础研究与科技教育方面发挥了重要作用；（2）在"科学与公共福利"的分报告中，详细论述了建立"国家研究预算"的问题。报告列表说明科研经费与国民收入之间的关系，企业、政府、大学和非营利机构在国家科研经费中的比例，基础研究与应用研究的比例关系，形成了战后美国联邦政府研究开发经费预算的框架；（3）在"发现和培养科学人才"报告中，各种教育资助计划都非常详细、具体，特别是对战后军人的教育方面做了详细的规定，使他们相当一部分成为日后活跃在美国科学技术和经济、教育领域中的专家和学者。应当说这份计划为战后美国设计了一个科技发展的优越环境，建立了一个适宜科技工作能够及时产生巨大经济社会效益的灵活的体制，使科技人员能够在其中发挥作用，推动国家科技、经济和社会进步的国家目标。因此，《报告》成为国家科技管理的经典文献，并由于它全面地审视了科学技术作为一项国家事业所具有的特殊性质，为后来世界各国的科技发展树立了典范。

① 范岱年. 仅有科学是不够的. 光明日报[N]. 2004, 12, 9
② 爱因斯坦. 爱因斯坦文集(3)[M]. 北京：商务印书馆，1979. 268

2.4 处于"人类行为"时期的科技管理伦理思想

20世纪70年代以来，科技活动的双重社会影响愈加明显，以人口、资源和环境危机为主体的全球问题凸现。1962年美国科普作家卡逊在《寂静的春天》一书中揭露了工业化带来的大量污染问题，1968年意大利的罗马俱乐部发表《增长的极限》的报告，指出了现代化进程中一系列困扰人类的困境；1972年，瑞典斯德哥尔摩召开的联合国环境大会发表了《只有一个地球村：对一个小小行星的关怀和维护》的背景报告，通过了《人类环境宣言》。它们表明，具有巨大时空尺度的综合性与长期性、具有超国家与民族的共同性与国际性、具有对各国发展的挑战性和机遇性的全球危机已经成为人类经济、政治和其他社会生活所面对的根本问题。这一时期科技管理的基本特点是解决高科技发展带来的全球问题，确立全球伦理和"以人为本"的可持续发展观。

2.4.1 科技全球化与国际科技管理伦理

科技全球化，呼唤全球化的科技管理伦理规范体系的建设。一方面，科技全球化引发了人类的伦理困境和走出这些困境的紧迫要求，如试管婴儿、器官移植、安乐死、干细胞、克隆人等生命科学与生物技术的发展，既给人类带来了世代延续的福音也带来了人类生殖技术失控的危机；信息技术与互联网的加速发展使人们能够瞬间到达数字地球的各个角落，形成虚拟世界中的零距离人际关系与虚拟伦理关系，同时也引起知识侵权、个人隐私、虚拟爱情（网恋）、信息垃圾、虚假信息及信息安全等问题；由于科学技术与经济活动的全球化，空前改善了人类生活质量，也空前恶化了人类赖以生存的生态环境，以人伦关系为基础的经典伦理学受到以人与自然和谐为主导的生态伦理学的严峻挑战。另一方面，信息高速公路和网络技术的发展，加快了数字化时代的到来，使世界各民族实现文化碰撞与交融，搭建了对话与交流的平台，使全球伦理成为可能。1993 年，由全球伦理基金会主席、77 岁的孔汉思（Hans Kung，又译汉斯·昆）起草的《全球伦理宣言》（以下简称《宣言》）为标志，开始兴起了世界性的"全球伦理"文化思潮。《宣言》提出了"一些有约束力的价值观、不可或缺的标准以及根本的道德态度的一种最低限度的基本共识"，其意义在于寻求全球普遍适用的道德价值观、道德原则①，拓展了科技管理伦理的全球化的视野和领域。

全球危机的出现，表面上来看是人类行为特别是科技行为的后果受到了自然规律的惩罚，似乎需要制定调节人与自然关系的新的道德规范，这不过是传统伦理学研究视野由人与人的关系领域拓展到人与自然的关系领域的问题。实质上，这是人与人之间关系深层矛盾在人与自然关系上的反映，人口、资源、环境的危机无一不是贫困、战争、污染等人类社会问题带来的危机。因此，解决科技全球化带来的伦理问题，需要加强对人与人之间的社会关系的调节，通过社会和谐来调节人与自然关系的和谐是科技管理伦理的任务的目标。目前国际上科技活动特别是高科技领域各种管理伦理组织的建立，为全球科技伦理实践提供了保障。例如，鉴于生命科学与技术的国际协作和全球发展，联合国教科文组织（UNESCO）已经设有一个国际生命伦理委员会（IBC），隶属于科教文组织的科技伦理学部，并于 2004 年 8 月，召开了 IBC 第十一次大会，讨论生命伦理学普遍规范的宣言，以适用于科学技术的发展、应用及普及引起的问题，提出一个由基本原则和程序构成的普适的概念框架，用于指导各成员国在生命伦理学领域的立法和决策，并对各机构、团体和个人所关心的生命伦理学问题提供了基本指南。例如，从内容方面，提出了人的生命、权利和公正等原则，对生态世界负责原则，有利原则，文化多样性、多元化与宽容原则，团结、公平与合作原则；从程序方面，提出了民主与透明原则，合理性、思想诚实和研究正直原则，专家与决策者及社会之间对话，

---

① 戢斗勇. 论儒家全球伦理金律[J]. 现代哲学，2003，2：82－89

设立和推广国家级生命伦理委员会以及不同层次的评议委员，开展公众咨询，跨国管理；从宣言的推广和实施方面，提到了教育、培训、国际合作、国家的作用、IBC 的作用等。可见，生命医学的伦理问题已经成为跨越国界的国际问题。同样，在其他科技前沿领域也形成了全球伦理的新观念。如网络世界的诚信观、生命科学与技术的尊重观、纳米科技的安全观以及科技资源应用和成果分配的公正观等。从这个意义上来看，全球伦理将成为科技全球化时代人类科技管理的核心价值准则，也成为全球社会伦理建设的先声。总而言之，在科学技术与经济活动全球化的背景下，基于科学技术的现代经济增长所引发的资源、生态、环境等一系列问题，以及相关伦理道德问题亦在全球化，它"必然要求从全球伦理的高度提出对每一个人到各国政府的'国际责任'问题。"①就是说，科学家和全球社会正在认识到科学技术不过是手段，道德生活才是目的，这才是人类的尊严所在②。

2.4.2 "以人为本"的可持续发展观

人口、资源和环境问题的提出，实质上提出了人与自然的关系和人与人之间关系这"双重关系"的协调问题。可持续发展(sustainable development)是针对全球危机提出的"既满足当代人的需要，又不损害后代人满足需要能力的发展"③的观点。它是人类在探索协调这"双重关系"的努力中，通过对自身行为的反思逐步形成的发展观。古代生态化社会的发展观反映了远古人类朴素的与自然相协调的思想、古代农牧化社会的发展观反映了以自然为本的"天人合一"思想、近代工业化社会的发展观反映了以经济增长为核心的人与自然对立的观点，今天，"以人为本"的可持续发展观则是建立在现代信息化社会

① 刘则渊. 科学王国与道德王国的统一：面向现代科学技术的伦理探索之路[J]. 科学文化评论，2004，6：33
② 范瑞平. 如何建立生命伦理学普遍规范：联合国科教文组织国际生命伦理委员会第十一次会议述评[J]. 医学与哲学，2004，10：24 – 26
③ 世界环境与发展委员会. 我们共同的未来：从一个地球到一个世界. 1987

基础之上的、探索解决现代社会的人口、资源、环境等全球问题的发展观，其本质上反映的是高科技发展带来的全球性的共同伦理问题，它包含了人类对自身整体生存的一种庄严的承诺。从这个意义上讲，要实现人类社会的可持续发展，必须建立一种共识，一种伦理上的规范——人类与自然关系协调发展的规范，使其在我们现有的法律、制度难以规范的人类行为的范围之外，对人类的科技活动产生约束力。可持续发展观的基本原则主要有：在保护和利用自然资源与环境上的公平性原则，在经济、社会和自然发展之间的协调性原则，在解决人口、资源环境等全球危机中的人类利益的共同性原则等。可见，可持续发展观的提出，最初着眼于自然环境的保护，最终的关怀却是人类社会的生存和发展。

从根本上来说，全球危机的出现是人类无限发展的需求与自然资源和环境空间的有限性之间的基本矛盾。因为工业化国家的实践经验表明，自然资源的消费与人类经济社会发展水平之间存在 S 形曲线的规律——自然资源的消耗与 GDP 同步增长①。既然导致这种破坏的是人的无止境的贪婪和无限制的掠夺，就应对人类科技行为进行规范和节制。这样符合人在自然面前的主体性地位，只有这样才会缓和人与自然的紧张关系，即以人与人之间社会关系的和谐去调节人与自然之间关系的和谐。"以人为本"的可持续发展观，就是以人的全面发展为目标，依靠科技进步促进经济、社会和文化，人口、资源和环境全面、协调、可持续发展的新的发展观。它在可持续发展观强调协调人与自然关系的基础上，进一步深化了对人的主体性的认识。它强调发展的人的本性，要在尊重人、依靠人、为了人等发展的目的和手段方面全方位地体现以人为本的核心思想；它强调发展的全面性，即经济、社会、政治、文化、生态等各个领域的全面发展，物质文明、政治文明和精神文明整体推进；它强调发展的协调性，将人、社会、自然视为相互联系的复杂系统，要使这些相互联系的各方面发展相互衔

63

① 徐匡迪. 工程师：从物质财富的创造者到可持续发展的实践者[J]. 新华文摘，2005，7：135

接、相互促进、良性互动，统筹发展；它强调发展的可持续性，经济社会发展必须限定在资源和环境的承载能力之内和当代人与未来人需要的满足统一的基础上。可见，"以人为本"的可持续发展观，从某种程度上说是人类的高度自觉，这种自觉既是理想的又是信仰的，是对传统理性的超越。它之所以成为全球共识，与单一伦理的有限性以及与人类对话作为普遍的交流方式有着必然联系。人类相互依赖已经达到如此这般的程度，以至于人类任何一个重要部分都能使全球突然陷入一种社会的、经济的、核恐怖的、环境破坏的或者别的灾难中，人类产生了一种对话和行动的紧迫需要，需要把自己放在与他人、对自然的关系之中去思考、去行动。

《21世纪发展议程》是面向21世纪人类社会的发展战略，也是现代科技管理伦理思想的指南。1992年联合国在巴西的里约热内卢召开的世界环境与发展大会，第一次明确提出可持续发展作为全人类共同发展的基本战略；1994年由国务院常务委员会讨论通过了《中国21世纪议程——中国21世纪人口、环境与发展白皮书》，中国政府明确地把可持续发展战略作为国家的两大基本战略之一，并把它作为制定中长期发展规划的指导文件；2003年中国共产党第十六届三中全会明确提出：要坚持以人为本，树立全面、协调、可持续的发展观，促进经济社会和人的全面发展。这既是我国经济工作必须长期坚持的重要指导思想，也是解决当前我国经济社会发展中诸多矛盾和问题必须遵循的基本原则；2005年中国共产党十六届四中全会提出"构建社会主义和谐社会"的目标，强调"我们所要建设的社会主义和谐社会，应该是民主法治、公平正义、诚信友爱、充满活力、安定有序、人与自然和谐相处的社会。"阐明了推进和谐社会建设的六个具体内容与实现途径。这种旨在保证我国经济、社会、资源与环境相互协调的综合性的、长远的、渐进的可持续发展战略框架和相应对策，体现了以人为本、以经济建设为中心、资源节约和环境保护为约束的可持续发展观，突出了人口与发展、资源与发展、环境与发展的关系，对于纠正和防止我国走边建设、边破坏、先污染、后治理的传统工业化老路，注重从机制、立法、教育、科技和公众参与等方面加强可持续发展的能力，加强我国的经济社会发展与全球可持续发展的协调，特别是对于当代科技管理伦理研究和建设提供了理论依据和行动指南。

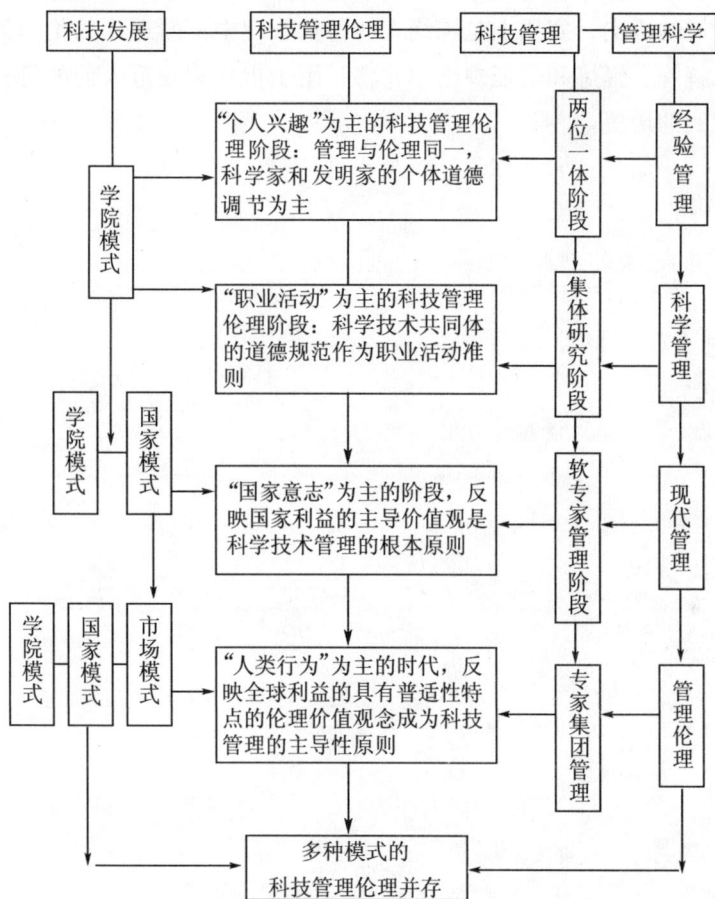

图 2-3　科技管理伦理思想发展史
Chart 2-3　Development history of ESTA thought

　　综上所述，通过对科学技术、科技管理产生和发展的四个阶段的相对划分和对管理伦理思想演变轨迹的考察，可以看出，影响科技管理伦理思想产生和发展的因素是广泛的、复杂的。处于不同时期的社会的经济和科学技术的发展以及适应这种发展水平的科技管理模式，孕育了不同类型的科技管理伦理问题和科技管理伦理规范。伦理思想和管理思想及其理论的发展，都成为科技管理伦理思想的现实基础和理论来源。以下将这些因素与科技管理伦理思想产生的轨迹作一历史性梳理（如图2-3所示），表明人类科技管理伦理发展的历史，实质上是围绕人在科技管理中不断遇到的伦理问题寻求解答、提炼和确证规则、并将其用于指导和规范人们的科技管理实践的历史。

3 科技管理伦理的理论建构

3.1 现代科技对管理与伦理的挑战

3.1.1 现代科技对管理的挑战

现代科学技术的突飞猛进及对社会各方面的深刻影响，传统管理对此无法相适应，必须进行管理变革与创新。具体表现在以下三个方面：

首先，现代科学技术作为一项国家的事业、一种社会建制要求科技管理社会化。所谓科技管理社会化，就是依据科学技术对社会经济、政治、文化等方面产生影响，运用相应的综合性的手段、作为一项社会系统工程来管理。2300 多年前，科学、技术纯粹作为个人的爱好，听凭发明创造者内心的召唤，属于边缘化的社会行为；300 多年前，科学技术作为集体的事业，满足社会提出的各种需要，受到科学技术共同体的社会规范的约束；今天，科学技术已经成为社会发展最强大的动力——处于第一位的生产力，成为一项国家的事业和普遍的社会活动，形成了完善的社会建制，科技管理成为兼具个人调节、职业规范和公共管理三种不同性质的综合管理领域。

其次，现代科学技术的发展带来的异化现象，凸现了科技管理中人的主体性要求。19 世纪末以电力为标志的第二次技术革命和 20 世纪 50 年代开始的以电子计算机与信息产业崛起为主要标志的现代科学技术，给生产力发展和社会发展带来了两个重大变化：一是劳动方式的变化。劳动方式即劳动者在劳动中发挥作用的方式，它是随着科技水平的提高而变化的。马克思深刻地揭示了机器生产取代手工业生产后的劳动方式，他指出，在工厂中是工人服侍机器，死机器独立于工人而存在，工人被当作活的附属物并入死机器。同时，他也深刻地预见到随着科学技术的发展将会给劳动方式带来新的变化——劳动表现为不再像以前那样包括在生产过程中，相反表现为人以生产过程的监督者和调节者的身份同生产过程本身相联系。随着高度自动化生产的发展，劳动者不再是机器的附属物，而成为生产过程的监督者、调节者、管理者。在这种情况下，生产效率的提高更大程度上依赖于劳动者的主动性和创造精神的发挥；二是劳动者内部结构的变化。科学技术的发展使社会生产力发展越来越依靠科技进步的带动作用，劳动者对知识的掌握和运用成为劳动就业的重要条件。同时，第三产业在产业结构中已占首位。对于脑力劳动和服务为主的劳动而言，工作成效更大程度上取决于劳动者的自觉性、主动性和创造精神，而体力劳动越来越居于次要地位。人的主体性地位和作用问题也越来越突出。此外，劳动者知识结构的变化及水平的提高还带来了人们的精神需求的增加和素质的提高，同时也为参与科技管理创造了条件，科技管理中人的主体性、道德性要求越来越高了。

第三，科学技术发展对传统管理方式弊端的挑战。自泰罗提出科学管理以来，传统的管理方式经过组织行为学、企业文化等不同阶段，开始了由对物的管理向对人的管理转变的过程。但是，仍然适应不了现代化科技管理的要求，主要表现为：传统管理侧重研究物流、组织、制度等外在的因素，较少关注人的内在心理和复杂多变的价值观以及复杂的社会环境等因素；传统管理着眼于提高眼前的经济效益和人的生产技能，较少关注长远的和深层的利益和缺乏精神管理的理念；传统管理突出组织原则、决策方法、领导艺术等理性思维和技术的作用，较少关注管理客体的个体需求和非理性行为特征，如赋予工作意义、尊重人、关心人、公正地对待人，管理者率先垂范，人际之间和谐融洽等方面的要求等。另外信息化社会的到来，使组织社会化程度提高，对组织社会压力扩大化的趋势加强，如舆论监督的力量增强，人们对组织行为道德期望的提高，社会法治程度的不断完善，公众参与意识的增强等等，从各个方面向传统管理方式提出了挑战，为把管理的重心由"物"转向"人"，从"纪律"转向"行为"，从"监督"转向"激励"，从"独裁"转向"民主"，从"控制"转向"参与"，从"个体"转向"群体"，从"科学"转向"人文"①，奠定了时代基础。

3.1.2 现代科技对伦理的挑战

现代科学技术的发展，提出了许多事关人类自身生存和尊严的重大伦理道德问题，对传统道德观念提出了严峻挑战，备受社会关注，主要表现在以下三个方面。

第一，科学技术发展对社会基本伦理关系和道德观念的挑战。这里包含着对传统观念及其前提的批判性思考，主要分为两个方面。一方面是对那些不适应科学技术发展的落后的传统伦理观念的批判、质疑和超越，另一方面是对那些仍然符合社会发展要求、仍在发挥重要的社会协调和约束作用的伦理观念和道德规范的冲击，导致它们的淡化和削弱。这些冲突主要通过一定科技领域的伦理道德问题表现出来。例如，关于生态伦理的争论，人类保护生态究竟是为了人类自身的生存和发展还是为了实现动植物与人类"平权"？如何确定通过技术复制的生命个体具有完整的现实人所具有的社会属性的问题？等等，不仅动摇了传统伦理道德观念，甚至动摇了这些观念的形而上学基础——关于"人的存在"的内外部界限的规定性问题。② 总之，科学技术对人类社会的深层影响，要求当代伦理对"人的存在"、伦理关系、道德观念和规范等传统伦理体系及其基础进行新的反思和批判，才可能应对当代科技发展提出的伦理挑战。

第二，科学技术发展对传统的科技伦理观的挑战。科技伦理观，本质上是对科学技术与伦理道德关系的认识。近代以来科学技术的蓬

① 戴木才. 论管理的道德性[J]. 吉首大学学报(社会科学版)，2004，1：35–39
② 李德顺. 沉思科技伦理的挑战[J]. 哲学动态，2003，10

勃发展，使人们陷入了盲目乐观主义的误区。以为科学技术既然从根本上带来了生产力的发展，成为推动社会发展的革命性力量，那么自然也将带来道德的进步的趋势，成为道德进步的原因和动力。但是，20世纪下半叶以来科学技术负面效应的加剧，法兰克福学派对科学技术异化本质的揭示和人文主义的批判，又使人们陷入了当年卢梭指出的科技发展带来道德堕落和未来危机的恐慌，陷入科学技术悲观论的误区。科学技术与伦理道德无关论、决定论、统一论等，都是在理论上对科学技术与伦理道德关系的实质所进行的辨析和探索。在实践上，道德对于现代科学技术社会应用的干预，是否必要、有无可能？道德是否具有拯救科学技术社会危机的功能？如果道德不能促进现代技术的进步反而成为其阻力，那么如何确定这种道德存在的合理性？等等，都对科技伦理理论建设提出了严峻的挑战。

第三，科技活动过程中的利益冲突对道德的挑战。从宏观上来看，科学技术作为国家管理的重要领域，在科技决策的过程中不仅要反映科技群体的利益，还要突显其公共利益、生态利益原则；不仅要考虑到科学技术方面，还必须顾及到社会价值和人文关怀；为了规避不可逆的重大技术风险，不仅应该完善科学的专家评估体系还应该建立公众知情体系和道德评估标准；面对日益严重的生态问题，不仅要从人类总体利益的角度考虑人与自然的关系，也要考虑各个利益相关群体在科学技术发展进程中的公正问题；面对信息化、网络化等新的发展机遇，不仅要思考社会总体的信息化步伐，也要从信息文化生态的视角，认真思考信息文化这一人工自然环境建构中的社会公正问题等等。

从微观的方面来看，由于科学－技术－生产一体化的趋势，科技活动以市场经济调节为主，因此，受功利主义影响较大。正如恩格斯曾经指出的：社会上一旦有技术上的需要，这种需要就会比十所大学更能把科学推向前进。英国著名功利主义哲学家边沁（Jeremy Bentham，1748－1832）对功利主义的原则曾经作过精辟的论述："当我们对任何一种行为予以赞成或不赞成的时候，我们是看该行为是增进还是减少当事人的幸福。"①功利主义对科学技术发展具有基础性作用，促进了科学技术与经济和社会的结合，从而使科学技术发展本身获得了巨大而持久的推动力。但是如果对功利主义原则作狭隘、片面的理解和运用，则会导致在科技管理中只偏重科学技术的物质性、经济性的当前功利，这将必然导致人们在发展和应用科学技术上的"短期思想"和"短期行为"。例如，科学家在科学研究的选题、设计、申报、实施和科研成果评价及应用中，受到合作单位研究和开发中的经济利益干扰，同行评议中的人际关系干扰，知识传播与交流中的单位利益干扰等，对科学家的科学活动能否保证客观性和公正性提出了考验。有些科学技术工作者，由于过于看重自己的声誉、地位以及生活与工作条件，表现得急于求成，或不恰当地利用地位与资源优势，或将个人的成就不恰当地置于国家和社会利益之上，以至于做出违反科技道德的行为。可见，如何把科技伦理调节与科技法规制约有效地结合起来，以保证科技活动的客观公正，成为一个极具理论意义又富有实践内涵的重要课题②。

3.2 科技管理与科技伦理的关系

3.2.1 科技管理的伦理转向

20 世纪 90 年代以来，现代管理科学的伦理转向几乎是与科技管理的伦理转向同时发生的。1982 年，IBM 公司提出了"追求卓越"的管理伦理价值观，提出企业管理不仅要追求突出的工作成就而且要追求崇高的道德信念和巨大的工作热忱，引起了企业界和管理学界积极反响。许多知名企业纷纷提出蕴含着卓越管理的经营伦理信条，《追求卓越——美国最佳企业的经验》、《高效者的七种习惯——全面造

① 周辅成. 西方伦理学名著选辑(下卷)[M]. 北京：商务印书馆，1987：210 – 216
② 许为民，黄华新. 回应挑战推动创新：当代科技革命与哲学创新学术研讨会综述[J]. 中国社会科学，2003，1：109 – 112

就自己》、《第五项修炼》等阐述管理之卓越不仅在于有益的经济成效，而且在于具备高尚的伦理道德品行的著作蜂拥问世，有人将此定义为一场"管理学革命"、管理科学发展的"第三个里程碑"。由于现代社会是高度组织化的社会，管理早已超越了企业范围而具有广泛的社会意义。科技管理作为当代管理的重要领域，也出现了由注重传统的组织技术向注重管理的人文价值、由传统管理的实证主义哲学观向组织系统的价值模式和人的行为价值逻辑的转向，主要表现为以下五个方面：(1)从追求效率最大化到树立"以人为本"的科技管理理念的转变。传统管理也强调以人为本，尊重组织成员的正当需要和利益，但主要是为了调动他们的工作积极性，以提高劳动生产率，获得较高的效益。说到底，是把人作为获利的手段和工具。管理伦理则是把人当作目的，从社会的视角来考虑，尊重人的权利、价值、愿望和未来；(2)从注重科学技术本身的发展到培育科技主体承担社会责任的意识。传统的科技管理不考虑科技后果的社会责任，因为大多数人对科学技术持乐观主义态度，只看到科学技术推动社会进步的方面，而没有意识到科技社会应用的负效应和风险性，即使考虑这种责任也仅仅限于为组织成员谋求利益，为了巩固科技组织的社会地位，而不愿意承担此责任以外的其他义务，即以组织自身的利润最大化为目的。科技管理伦理认为，组织的管理行为不仅要为组织成员谋利益，还必须承担与其享受权利相称的责任和义务，如参与环境保护、协调组织与所处环境相异的目标、协调组织、组织成员与社会大众之间的利益，把履行合理的道德规范当作自身的责任而不是谋利的手段等等。因为，只有把履行道德承诺当作自身管理行为的应有责任，无论在有利还是无利的情况下都按照道德准则进行管理，才是积极负责的健全的社会责任观念；(3)由注重科技管理技术和方法到推崇合理的价值观导向。传统的科技管理不太重视价值观管理，而是重视管理的规律性和技术操作的合理化，即便强调价值观的作用也是以个人主义为核心的。科技管理伦理主张价值管理，并且推崇合理的群体价值观。因为合理的群体价值观不仅是组织顺利实现其利益需要这一科技管理的根本目的，而且使组织成员奋发向上，积极进取，团结协作，引导社会进步。这种管理价值观涉及面广，层次更深入，因而更有利于组织的长远发展，正如美国著名未来学家哈曼（Willis Harman）所说的："我们唯一严重的危机主要是工业社会意义上的危机。我们在解决'如何'一类的问题方面相当成功，但对'为什么'这种有意义的问题，越来越变得糊涂起来。我们的发展越来越快，但我们却迷失了方向。"①(4)由注重守法到强调德法并重。过去的许多科技组织的管理者认为科技活动只要遵守法律就足够了。科技管理伦理认为，科技管理不仅要遵守法律，而且还要符合超越于法律的道德，而不是停留在合法求利得过且过的观念上。因为法律只能"禁于已然之后"，而不像伦理那样能够"禁于已然之前"。正如林恩·佩因（Lynn Sharp Paine）所说的："尽管法律服从是必需的，但是用它来指导责任行为，会呈现出很大的局限性。"②(5)由注重他律到注重自律。以往的科技管理强调组织制度的外在约束。科技管理伦理强调在遵守法律、制度等"底线伦理"的基础上，注重自我约束、自我管理，注重通过社会舆论、道德榜样和个体的内心信念唤起组织及其管理者的管理责任和管理良心，从而向伦理境界攀升。例如现代科技管理实践中各种组织都注意给成员制定道德法则，使他们了解到针对组织内外哪些是应该做的，哪些是不应该做的，哪些是道德的，哪些是不道德的，使其用"管理良心"来指导自己的行为③。

尽管目前还没有系统的科技管理伦理专著问世，但是科技管理研究中已经开始由关注管理效益问题向关注伦理问题转向，这是不争的事实。主要基于以下三个方面的原因：（1）科技负效应的社会压力。当代科学技术愈演愈烈的负面效应，向科技管理提出了挑战。科技管理由注重科学技术自然属性的方面，开始向关心科学技术社会属性和对人类的价值的方面转变，科技哲学、科技管理领域中关于科学技术是"价值中立"的还是"价值负载"的、人类对科学技术的后果是否有

① ［美］威利斯·哈曼. 未来启示录[M]. 上海：上海译文出版社，1988. 193
② Lynn S. Pain, Managing for Organizational Integrity[J], in Harvard Business Review, March – April, 1994, pp. 66 – 117
③ 龚天平. 追求卓越：现代西方管理的伦理走向[J]. 国外社会科学，2004，6：26 – 31

道德责任等问题的争论，都提出了对科技管理进行伦理价值导向的客观需要；（2）科技管理的民主化、全球化的动力。当代科技广泛而深入地渗透于社会生活的各个方面，科学技术的社会建制的普遍化带来了科技管理的公共性特点。以公共利益为目标的科技管理需要民主化的管理方式，调动组织内外的成员以主人公的态度来参与科技管理，从而促进科技管理向全面、协调、公正、平等的原则趋近，向伦理趋近。科技全球化也带来了科技管理全球化的问题。跨民族、跨文化、跨意识形态的管理，需要应用具有普遍性特点的管理原则，而伦理是所有行为规范中最具超越性、涵容性、普适性的规范和准则，能够为科技管理提供最基本的、具有普适性的道德规范。而传统科技管理方式对文化、精神、尊严、情感等方面的忽视，使科技管理成为一种完全的外在的约束，使管理与伦理处于对立和冲突之中。这些缺陷使科技管理不能适应现代科技发展和现代管理发展的趋势；（3）科技哲学的伦理转向和管理科学的伦理转向，从理论的层面助推了科技管理伦理化的趋势。

3.2.2　科技伦理的管理功能

科技伦理是指科学技术工作者应当秉承的伦理价值导向和道德规范体系，以及运用这些规范指导、约束科学技术活动的过程。从理论上来看，科技伦理作为 20 世纪末伴随科技双重社会后果而产生的人类对其本质和社会作用的反思和批判，进行了以下问题的热烈研讨并在一些最根本的问题上达成了共识。这些问题主要有：科技价值观问题，科学技术与伦理道德的关系问题，科技伦理学的建构问题，前沿科技领域(生命、生态、网络等)的伦理反思问题，科技活动中的伦理调节问题等。由此肇发了科技发展战略的重大伦理转向，确立了"以人为本"、全面、协调可持续的科技发展观——科技价值观。这一转向是人类对自然的态度和对人与自然关系的态度的彻底改变，是人类为了适应人与自然关系的改变对社会关系和自己的行为的伦理调节、自觉控制。这是在对科技发展的历史和现实进行了深刻而痛苦的哲学反思之后，对传统的"征服自然"的科技观念的根本性转变。例如，我们以往对于科技发展的认识顺应了单一经济高速发展的惯性，"我们需要河，是为了水；破坏山川，是为了取矿。"①我们需要的，就是我们能够看到的；我们想要看的，都是对我们有用的。可见，"人类理性中脆弱的一面是人们通常看到他们想看到的，或暗示自己应当看到的东西，而往往有意或无意的不看某些有威胁性的和潜藏着危险的，以及对达到自己的目标具有制约性的东西。当代人类面临的许多棘手问题正是因此而产生并长期积累下来。"②这不仅是科学技术在生态上由不和谐走向可持续的问题，而且是使人类文明走向可持续发展的问题。因为科技成果的社会应用给环境带来的破坏、造成的危机，表明了人类还没有真正意识到、或者意识到了不愿去面对或改变行为的惯性，而从根本上改变这一状况的出路必然是人类自觉地调整科技发展的目标、方向和路线，使其沿着促进人类物质文明、精神文明和生态文明协调发展的方向前进，这是科技发展战略上的拨乱反正。从实践上来看，人们对科学技术进行伦理考量和道德约束在一定程度上已经开展起来。科学技术的全面、协调和可持续发展正在成为全世界各个国家科技发展战略的目标。各个国家和地区都公布了各种宪章、公约，督促科技工作者强化道德责任，制定各种措施保护环境方面，建立评估制度防范和降低科技风险，扩大科技传播的范围和决策参与渠道，加强社会监督等等，科技伦理已经开始渗透于科技活动之中，指导和约束人们的科技实践，总之，科技伦理已经发挥并正在更大程度上发挥科技管理的功能，主要表现为：

科技伦理的导向功能。科技伦理规定着科技管理的价值和方向，对科技管理发挥导向作用。因为科技管理作为人类科技活动的有效组织方式总是处于一定人类文化和社会伦理背景之中，必须体现科技伦

① Nicholas Holmes. Environmen t and Industry, Hoder and Stoughton[M]. 1976：13
② 叶平. 科学技术与可持续发展：21 世纪科技发展的重大战略问题[J]. 自然辩证法研究，2004，12：105－109

理的道德原则和道德追求，也就是说科学技术管理必须做到合伦理性或合道德性。科技伦理利用社会舆论、风俗习惯和内心信念等方式，从人们的主观意识与外在环境上控制和引导人们的科学技术活动的方向。从这一点上来说科技伦理是对科技管理的价值管理。

科技伦理的激励功能。如果说传统的外部控制方法对有形的体力劳动曾经卓有成效的话，对复杂的、无形的脑力劳动则要求更多的"自我控制"。科技伦理本质上是人类在科技活动中对自我的一种内在管理活动，是一种内在的、通过调节人的深层心理、影响人的精神世界的"软约束"的形式。它能够通过沟通、劝告、教育等正面形式满足人的精神需要，发挥积极的精神激励作用，因而作用效果显得更为深刻和稳定。从这个意义上来说，科技伦理是一种内在的科技管理。应当说，自我管理是人类管理的最高的境界。

科技管理的凝聚功能。科技管理创新的动力，在于科技主体的团结协作精神。当前科技全球化的趋势，导致了科技组织跨地区、跨国家、跨民族、跨文化的交流成为科技发展的重要形式，科技伦理作为凝聚六合八方的科技工作者的价值基础，能够为他们提出一个共同追求的价值目标，创造一个和谐宽松的工作环境，发挥他们的创造个性，使他们的前途和命运与科技群体休戚相关，提高科技管理的凝聚力。

科技伦理的整合功能。科技伦理的管理功能还体现在对科技管理的道义目标和功利目标的整合当中。科技管理是追求效率的，正所谓"效率是管理的出发点和归宿"。但是，从伦理学的角度上来看，所谓科技管理的效率就是功利，功利主要体现了人的物质追求。而道义主要体现了人的精神追求。而两者的兼顾和协调，才是人生幸福的重要基础和保障。如果这两种追求和谐融洽，功利的追求及其方式合乎道义，道义的追求能够惠及人类，那就是一种善，是有价值的、应当去努力的。反之，亦反。因此效率有符合伦理的效率和违背伦理的效率，科技伦理筛选那些符合伦理的效率作为科技管理的指导原则和评价标准，一方面发挥对科技管理的导向作用，另一方面能够促进管理效率的顺利实现，起到价值观的整合作用。

科技伦理的文化功能。伦理道德从产生之日起，一直担负着社会管理和社会调节的职能，表现为人类对自我的行为的限制和规范。作为人类自我发展在个人欲望的满足与社会秩序的和谐之间的一种平衡机制，既是人类自我实现的方式，也是社会矛盾的调节方式和调节社会关系的手段。它为人们的生活、创造以及交往活动提供必要的秩序，提供适应环境、改造环境和自我完善的方式。尽管这种自我完善方式的约束力有时候是脆弱的，但是确实具有可操作性的。例如，在网络环境中，有很多问题最后还要归结到伦理道德上，因为技术上的局限性、管理的高成本性和法律的滞后性都制约了科技管理目标的实现。只有整个网络倡导一种积极向上的技术开发风气，树立正确的网络道德观，在自由的网络环境中坚持道德自律，服从做人的原则并承担具有普遍约束力的道德责任与义务，才能使网络社会健康发展。

科技伦理的管理功能的实现最终要靠科技管理的伦理化，即科技管理伦理的结构化和操作化——把科技伦理融合到日常的科技管理活动当中。国外的企业管理伦理在这方面积累了大量的经验，也给科技管理伦理实践以一定的启示。（1）制定企业管理伦理守则。到20世纪90年代中期，《幸福》杂志排名前500家的企业中90%以上有成文的伦理守则，用来规范员工的行为；（2）设置专门机构。美国约有3/5、欧洲约有一半的大企业设有专门的企业伦理机构，负责企业有关的伦理工作；（3）设置伦理主管。美国制造业和服务业前1000家企业中，20%聘有伦理主管，主要任务是训练员工遵守正确的行为准则，并处理员工对经营者行为的质疑；（4）进行伦理培训。至20世纪90年代中期，由30%－40%的美国企业进行了某种形式的伦理培训。日本企业通过定期培训、制定社训社歌、作朝礼等活动推动企业伦理建设，还于1993年成立了全国性的"经营伦理学会"。韩国企业界的民间联合组织（全国经济人联合会）在1996年就向政府和社会公布了《企业伦理宪章》。通过多管齐下的措施，使管理伦理作为一种价值观融入了管理活动的各个环节和方面，管理活动通过伦理领导、伦理决策、伦理规范、伦理教育、伦理控制等环节向"更道德"的方向发展，其效益原则也得到更高层次的体现。

3.2.3 科技管理与科技伦理的互动

科技管理与科技伦理不仅相互区别而且相互依存、相互渗透、相互补充、相互制约，二者之间具有双向互动、辩证统一的关系。正如著名学者美籍华裔成中英（1935 - ）在《文化、伦理与管理——中国现代化的哲学反思》一书中指出的："伦理是内在的，管理是外在的，我们今天强调：既要建立一个好的伦理，同时就要建立一个好的管理。"①

科技管理能够强化科技伦理的功能。科技管理具有规律和价值的内在统一性。从这二重性出发，一方面由于科技管理的科学属性，使科技管理具有手段和操作的功能。它作为人类组织科技活动的基本手段，具有明确的指向性、目标性、稳定性、强制性等特征。这些特征有利于科技伦理建设，例如科技管理的指向性和目的性有助于人们对具体的科技伦理目标和道德规范的认识、把握和落实。在管理实践中，人们可以把某些科技伦理规范转化为对科技活动的具体要求。再如科技管理制度的稳定性也有助于科技伦理道德的形成和实践，把科技伦理规范通过科技管理制度化，可以提高科技伦理规范的普遍性和在人们行为与实践中形成风气的自觉性。从这一点出发，科技管理对科技伦理有强化作用，特别是科技管理制度的强制性能够为伦理建设提供保障。另一方面由于科技管理的价值属性，它确立了劳动的道德价值、生产力发展的道德价值和人的全面发展的道德价值，使科技管理具有动力功能和诱导功能、评价和批评功能、调整功能等②，是科技伦理的实现机制。

科技伦理能够促进科技管理的内化。如前所述，科技伦理具有科技管理的本质和功能，具体表现为凝聚功能、导向功能、操作功能、

---

① 成中英．文化，伦理与管理：中国现代化的哲学反思 [M]．贵阳：贵州人民出版社，1991. 269

② 龚天平．用伦理为现代管理把脉：管理的伦理法则评介 [J]．道德与文明，2003，5：78

整合功能、激励功能等方面，而这些功能是在自律的基础上发挥出来的。应当说达到自律层次的管理是人类管理的最高形式，它使科技管理规范内化为人的自觉的道德意识和道德责任感，提高了管理中人的主体性、主动性和自觉性。同时，科技伦理作为科技文化的内核，是科技组织管理的灵魂和支柱，而科技组织管理是科技组织文化的外化或外显。科技组织的伦理文化决定着科技组织的目标取向，规范科技组织成员的行为方向。因而，科技伦理对科技管理具有内在的规范和导向作用，它能运用一种在科技实践中形成并被一定科技组织认同的伦理文化、行为规范去同化组织成员，以形成组织团体的凝聚力，维护和协调组织的内在秩序。

从科技管理与科技伦理的内在统一性上来说，无论是前者对后者的强化作用还是后者对前者的内化作用，从根本上来说，都源于科技管理的伦理属性。科技管理的伦理属性表现为科技管理蕴含伦理价值，因而，它必然地成为实现科技伦理价值目标的手段和途径。一般而言，人类的管理根源于"自然资源普遍稀少和敌对的自然环境"与人类需求的矛盾，这一矛盾导致了人与人之间在利用短缺资源上和利益上的矛盾冲突，科学技术作为缓解这种矛盾和冲突的活动领域，对科技管理提出了新的要求。科技管理要达到有效地利用科学技术调节这种矛盾和冲突的目的，就产生了人与人之间的伦理关系或伦理问题以及调节这些矛盾和冲突的需要。也就是说，科技管理是与谋取科技活动的效益和实现科技的发展目标紧密相联的。科技管理本身的核心问题，实质上是对科技活动效益和目标的谋取方式和谋取行为的伦理道德问题。同时科技管理本身还存在着外在的伦理要求，亦即科技管理的合伦理性问题，它是社会的伦理道德用某个尺度或标准对科技管理做出的伦理道德评价。就是说，科技管理活动一旦开展，它就构成了蕴含伦理价值和原则以及供人们进行伦理评价的有机系统，这些伦理要求即是科技管理的外在伦理要求。科技管理的伦理规定性一方面具有重要的管理价值，能有效地促进科技资源的优化组合，提高科技管理效益，实现科技管理目的，推动社会生产力的发展；另一方面具有积极的人本价值，对于促进科技管理活动中人的完善和社会的和谐发展，具有合伦理性。

总而言之，科技管理对科技伦理有强化作用，科技伦理对科技管理有导向和内化作用。科技伦理利用自身的力量规范着科技管理的行为目标和价值取向，而科技管理则以自己的方式强化着科技伦理精神。它们各自以自己的特有方式，或者把以人伦关系为主题的科技伦理作为自己的工作对象、工作手段和工作目标，或者把具体的行为准则化作主体的道德良知和评价标准，统一于科技活动和科技管理活动之中。

但是，还应看到，科技伦理与科技管理在功能上不仅有相互促进的一面，还有相互制约的一面，二者之间相互作用的正向效应不是自发形成的，需要进行调节。科技管理作为一种理性认识，它以事实认知为前提，直接以客体作为自己的认知对象，表现为主体对客体属性和规律的反映，要求尽可能科学地把握客观对象，具有准确性、规范性和可预测性、可控制性等特点。而科技伦理是主体对客体的主观态度，是从主体需要的角度判断客体对主体的意义和价值，从某种程度上讲具有感性的、价值选择的特征。因此，科技管理和科技伦理从一定程度上可分别作为事实判断和价值判断，因此，二者之间还存在着相互区别和相互制约的一面。例如，当科技管理系统的要素被不恰当配置、利用，或者一些科技管理行为超越科技伦理规范时，科技伦理就会作出反应，予以约束和谴责；反之，当一些科技伦理观念脱离了科技管理活动的实践或违背了科技活动或科技管理的客观规律时，也会受到科技管理离弃。此时，科技管理与科技伦理之间就会因各自的属性而在实践活动中演变为冲突关系，这就需要对其进行有效调节，使它们既能弥补对方调节的不足，又能在各自的范围内有效地发挥作用，从而实现科技管理与科技伦理的交叉融合的系统功能①。

① 汤正华，韩玉启. 管理的伦理价值与伦理的管理功能[J]. 江苏社会科学，2003，4：198－202

3.2.4 管理伦理及其在科技活动中的应用

管理伦理是管理主体为了实现一定的管理目标，将伦理用于指导和规范人们的管理行为的价值体系和活动过程，它是管理活动、管理行为的道德规范及道德认知、践履、评价、修养和管理人格等内容构成的综合系统。它不但反映管理关系的客观要求，而且还指明管理发展的理想价值和应然特性。由于人类管理活动的共性体现在管理的运行过程即决策、计划、组织、领导、控制等职能上，因此，管理伦理也就是相应的管理过程伦理、管理制度伦理、管理组织伦理和管理者的德性伦理。

如第 1 章所述，中外管理伦理学研究的主要内容集中于研究管理者行为的道德内涵和管理关系的伦理意蕴，研究组织行为的伦理蕴含和组织与组织之间的管理伦理关系以及从社会根本制度和运行体制上研究管理伦理三大方面，主要提出了公正、和谐、人道、效率、民主等道德原则。例如，认为公正作为管理的重要伦理价值目标，也是管理伦理的首要原则。公正的重要意义集中表现在它不仅是社会发展的重要目标，而且是推动社会发展的巨大力量，具有巨大的凝聚力和维持社会秩序的管理功能。美国著名哲学家约翰·罗尔斯（John Rawls，1921 - ）在《正义论》一书中指出，"良好的社会秩序"，就是一个能根据公正原则来进行有效管理的社会，公正是社会制度的首要美德，而社会制度实质上是一种制度安排，是一种管理技巧或方式，因而，也就是管理的首要伦理准则。公正总体上分为个体公正和社会公正。个体公正在管理伦理学上主要表现为管理者和被管理者行为的公正。管理者的公正就是要求管理者在对待被管理者和利益相关者时，按照诚信、平等、民主等伦理准则和有关管理制度办事，做到作风优良、行为正直、品行公道、秉公办事，而不徇私枉法、偏袒他人。被管理者的公正就是要求被管理者具有正确的人生观和道德理想，树立正确的工作态度包括敬业精神，遵守纪律，养成诚实正直、团结协作、互帮互助的道德品质。但是，社会公正的核心和基本内容是制度公正。罗尔斯认为制度公正应当优先于个人公正。现代社会管理都是通过制度才得以进行的。管理伦理中的制度公正原则就是在规范组织中人的行为，规定组织之间的关系的过程中分配权利与义务的公正。管理伦理的公正原则包括自由原则和平等原则两方面的内容。自由即是管理中的每个人（包括管理者、被管理者和利益相关者）的个体自主性、人身权利、人格尊严等都应受到尊重和保护，而不应受到侵犯和伤害。当然自由原则是有限度的，它必须以不伤害他人自由权利的形式为界限，否则就会走上公正的反面。平等即是每一个人都应被作为人来看待，没有高低贵贱、上下尊卑之分。管理伦理之公正原则的实现要求在管理活动中制定统一的管理标准，提供均等的发展机会，实行民主的管理决策，按照贡献进行分配以及建立保障机制等具体措施[①]。

再如，和谐的原则。和谐包括身心和谐、人际和谐和天人和谐。身心和谐作为一种自我管理包括个体对自己的精神状态（包括观念和欲望）和行为的控制。人对自身进行管理的目的就是要确证自我、实现自我和身心和谐。身心和谐即身心统一，它表现为人的肉体与灵魂、情感与理性、外表与内心、认知与行动、义与利、得与失、进与退等各种矛盾都达到一种圆融的状态，是一种自身全面发展的自由境界。实现身心和谐目标和原则的途径和方法有学思结合、省察克制、积善成德、慎独、积极实践等；人际和谐就是个人与他人、群体和社会的和谐。由于人的社会本质，在社会交往中必然与他人、群体和社会发生一些利益的矛盾和冲突，社会管理的目的就是为了把人际交往关系维持在一定的社会秩序之内，人际和谐就是这种社会管理原则的道德表达。实现人际和谐的目标和原则主要有人我同类、推己及人、己所不欲勿施于人的方法等；天人和谐指通过对人与自然关系的正确认识、确立道德地对待自然的态度从而调节自己与自然关系的行为的原则。由于科学技术的发展，人类逐渐扮演了支配和主宰自然的角

---

① 龚天平，尹伟中．现代管理伦理的公正理念[J]．吉首大学学报，2003，3：10－13

色，对自然资源的肆意掠夺、过度使用造成了全球性的生态危机、人口危机、能源和资源危机等严重威胁人类自身生存的后果。它提醒人们反思对自然的态度，把尊重生态发展规律、保护环境、维护生态平衡、促进人与自然和谐共生作为约束自身摆脱单纯功利主义地对待自然的道德原则①。

　　管理伦理在科技领域中的应用，就是运用管理伦理原则对科技活动和科技管理活动进行指导和规范，它体现在科技管理伦理准则的建立和科技管理的主客体遵循这些伦理准则的实践之中。因为价值观念和伦理准则是行为规范而毕竟不是管理手段，尽管二者具有内在的统一性，但是如果没有一个相互衔接的环节，一座由思想观念通往管理实践的桥梁，也无法实现管理伦理的功能。这座桥梁就是科技管理伦理准则的管理制度化。正如法约尔通过五个要素、六项职能确立了科学管理的理论，又通过十四条原则确立了从理论走向实践的通道，从而创立了组织管理学派一样，科技管理活动中的伦理应用应当体现在科技决策、规划、组织、领导和控制过程之中。具体而言，从科技决策的目标来看，要确立以人为本、造福社会、天人和谐的价值目标；从科技决策的内容来看，要确定什么是"道德上正当"的决策的判断标准。这是一个非常复杂的伦理学问题，因为，伦理价值是一个有着不同层级的价值体系，例如是平等优先还是公正优先，是终极目标论还是现实伦理为标准等等，这些问题往往是很少有一致答案的，这就需要讨论和建设。例如，从科技规划的原则上来看，往往会遇到价值抉择问题，伦理学的难题在于辨别"正当"道德的先后次序，为决策结果提供价值判断的依据，从这个意义上来说，一定的伦理价值观是一定的科技决策的前提。除此之外，还有一个是以"终极目标伦理观"为标准，还是以"责任伦理观"为标准的问题，这个概念的提出是马克斯·韦伯的贡献（亦即动机论还是效果论的问题）。前者倾向于认为只要一个人的动机是正当的，那他的活动就具有道德上的正当

---

① 龚天平，邹寿长．论现代管理伦理的和谐理念[J]．湖南师范大学社会科学报，2003，1：21—25

性，后者倾向于在仔细分析后果之后来判断行为的正当性。科技管理一般情况下倾向于接受边沁和密尔（John Stuart Mill，1806 - 1873）的实用主义原则：道德是根据无论什么样的政策只要能为最大多数人带来最大限度的利益这一点来定义的。由于管理伦理在科技活动中的应用是通过科技管理主体对科技管理施加影响的，因此，科技管理主体的价值取向和道德水平是科技管理的伦理基础。从这个角度而言，有人认为科技管理的伦理准则主要有以人为本、公益至上、有害不为、慎用权力、社会责任、平等竞争、增进信任等①。总之，科技管理并不是纯技术性的过程，它同任何管理一样都蕴含、承载着某种伦理观、价值观。从作为一种国家管理的手段而言，科技决策的核心价值应当是"公共利益"，因此，科技管理必须围绕"公共利益"建构和运行。正如20世纪后期美国民主化运动的领航人塞缪尔·亨廷顿（Samuel Huntington，1927 -　）指出的："一种制度……既是应付环境的一种手段，又是一种观念和一项社会原则。"②

3.3　科技管理伦理研究的理论框架

3.3.1　科技管理伦理的调节对象与内容体系

科技管理伦理作为科技管理与科技伦理的交叉领域，作为管理伦理在科技活动和科技管理活动中的应用，其调节对象必然涵容科技管理、科技伦理、管理伦理三个分支领域的调节对象，并且应当是它们的拓展和集成。如前所述，科技管理是根据科技活动的特点和规律，以科技活动为调节对象的管理原则及其实践；科技伦理是依据人们对科技活动的价值属性的认识，以科技活动中的伦理关系为调节对象的伦理准则和道德实践；管理伦理则是依据管理活动的客观规律和价值

---

① 　郭爱君. 公共行政管理的伦理基础[J]. 甘肃教育学院学报（社会科学版），2002，2：30 - 35
② 　塞缪尔·P. 亨廷顿. 变化社会中的秩序[M]. 北京：三联书店，1988

属性，以管理活动中的伦理关系为调节对象的伦理化管理理论与实践，可见，"科技活动"、"伦理关系"、"管理与伦理准则"是科技管理伦理所涵容的调节对象，因此，科技管理伦理的调节对象就应当是科技活动和科技管理活动中的伦理关系以及对科技活动实施伦理化管理的原则、方法和实践。

众所周知，科技活动在改变人与自然关系的同时，会引起人与人之间关系的变化。当人与自然关系的改变对人与人之间的关系的影响还比较微弱的时候，人们主要面对的是如何发挥人类的聪明才智利用自然规律提高科技活动的效率并通过提高科技活动的效率谋求改善人与人之间关系的问题。但是，当人与自然的关系对人与人之间的关系影响足够巨大、甚至可能颠覆人与人之间关系的已有秩序的时候，人们就面临着解决两个方面的问题，一方面是调节人与自然之间的关系以缓和它对人与人之间关系带来的冲击，另一方面是变革和调节人与人之间的传统关系以适应和应对人与自然关系带来的挑战。科技管理伦理一方面拓展了科技管理仅以调节人与自然关系的科技活动和科技管理活动为对象的领域，将科技活动和科技管理活动中人与人之间的关系纳入自己的研究视野，另一方面也拓展了科技伦理仅以调节科技活动和科技管理活动中人与人之间关系为对象的领域，将科技伦理的调节作用拓展到人与自然关系的层面上。而管理伦理的作用是将科技管理与科技伦理的视野聚焦于道德现象即人与人之间的伦理关系而不是其他的什么关系，将传统的科学管理以运用理性原则和科学方法调节人与人之间的关系提升到在此基础上以价值规律和伦理准则调节人与人之间的关系，从而实现人与自然、人与人之间关系的双重和谐为指归的深层次目标上来。因而，科技管理伦理应当既回答了科技活动"为什么应当"管理以及"应当怎样"管理的问题，也回答了科技活动"应当怎样更好地管理"以及"怎样才能更好地管理"的问题。

有鉴于此，科技管理伦理的研究内容主要包括以下六个方面：

第一，探讨作为科技活动主体的科技工作者和作为科技管理主体的科技管理者的道德状况和伦理要求问题。由于道德是以发挥个体道德的主体性为基础的，因此，科技管理伦理目标实质上是科技活动和科技管理活动的主体的价值目标的整合，科技管理伦理原则也是从科技活动与科技管理主体的伦理化管理实践中抽象出来，在一定程度上反映了科技管理伦理的一般要求的、具有普遍意义的行为准则。因此，科技管理伦理从某种意义上来说，就是科技工作者和科技管理者应当自觉遵守的行为规范和应当达到的伦理要求。这里的科技工作者和科技管理者主要包括政府、企业、大学和科研院所、科技共同体以及其他科研组织中从事科技活动或具有决策地位和权力的科技工作者和管理者。尽管由于不同科技组织的管理目标不尽相同，对科技活动者和科技管理者的管理伦理要求有所不同，但总体上是一致的。这部分内容还包括探索科技管理伦理教育的途径和方法，培养和提高科技工作者和科技管理者的管理伦理素质和道德修养的水平。

第二，运用管理伦理理论和方法，探讨科技活动和科技管理中的伦理关系。随着科学技术在国家发展和人们社会生活中的地位和作用越来越重要，其所涉及的人与人之间的伦理关系也愈益深入，矛盾更加突出。科技活动和科技管理中的伦理关系主要包括科技工作者之间、科技管理者之间、科技管理者与科技工作者之间以及他们与科技组织、与社会之间的伦理关系，包括科技组织之间的伦理关系，还包括科技组织与社会之间以及与利益相关者之间的伦理关系等等，具体表现如科技活动的风险与科技工作者以及科技管理者的道德责任、科技资源分配中的公平与效率的关系、科技成果社会应用中的义利选择以及科技组织内外部利益关系的协调等。

第三，通过对科技活动和科技管理活动中价值冲突的求解，探讨科技活动和科技管理活动的价值体系和伦理准则。一定的伦理道德体系是一定价值取向的反映。科技管理伦理的价值体系和伦理准则是科技管理伦理的核心内容，对于科技活动者和科技管理者都具有行为规范和价值导向的作用。这些原则和规范不是任意拟定的，一方面是针对解决科技活动和科技管理活动面临的伦理问题的需要提出的，另一方面也是人们在长期的、大量的科技管理伦理实践中积累的丰富经验的总结，应当既符合人类长远发展的根本利益要求，又符合当前科技活动和科技管理活动的现实要求。例如，目前有人已经提出以人为本、公益至上、有害不为、慎用权力、平等竞争、诚信负责等科技活动和科技管理的伦理准则，还需要进一步总结、提升和完善，同时，只有制定出明确的、合理的科技管理伦理准则，才能进一步实现科技管理的伦理化或者科技伦理化管理化实践。

第四，探索科技管理伦理系统及其运行机制。科技管理伦理的任务不仅仅是制定伦理原则和道德规范，而是将科技活动和科技管理活动的道德要求渗透于科技管理过程之中，找到使科技管理伦理原则付诸实施的途径，使科技管理伦理准则成为科技管理不可缺少的重要环节和组成部分。因此，要研究探索科技管理伦理发挥作用的原理和运行机制，依据其原理和运行机制提出实现其目标的具体途径。本文运用系统科学的方法，构建了科技管理伦理运行内外部机制的理论模型，并据此提出了制定科技管理伦理准则，推进科技管理伦理准则的制度化，加强科技政策的伦理导向，建设科技伦理预见和评估体系，开展广泛的科技管理伦理教育等实施途径，为科技管理、科技伦理、管理伦理不仅在理论上交叉融合，而且在实践上融为一体探索一个支撑平台。

第五，通过分析具体科技活动领域和科技管理实践中的管理伦理问题，总结、提炼解决科技管理伦理问题的一般规律。具体科技活动领域的伦理问题主要包括生命科技、环境科技、信息科技、纳米科技等当代科技前沿的不同领域中的伦理问题与管理伦理问题，科技管理活动的伦理问题包括如科研管理、技术转化和应用、工程实践、科技交流与合作、科技人力资源开发与管理中的伦理问题，运用科技管理伦理的基本原理分析这些问题的特征、产生的原因，提出相应的对策和建议。

第六，依据科技管理伦理研究的成果，尝试构建科技管理伦理学理论体系。探索包括(1)科技活动和科技管理的伦理蕴涵；(2)科技管理伦理学的对象、方法、特点；(3)科技管理伦理思想的产生和发展；(4)科技管理伦理的价值体系与原则规范；(5)科技管理伦理运行机制与实现途径；(6)具体科技活动和科技管理活动中具有前沿性的伦理问题分析和探讨等基本内容在内的、作为一门学科的科技管理伦理学体系。总之，科技管理伦理作为科技伦理与科技管理的交叉研究领域，把科技伦理中的价值管理与科技管理中的管理价值有效地结合起来，将成为一个具有独立的研究对象、研究内容的学科领域。它以科技管理活动中所面对的各种伦理关系为对象，为科技管理的效率原则找到更深层的价值目标，弥补了科技管理单一的效率导向的不足，同时也弥补了科技伦理实践形态不足的缺陷。本研究希望能够为这门交叉研究的新的学科的开拓和发展做出基础性的研究和贡献。

3.3.2　科技管理伦理研究的内容结构与层次

依据对科技管理伦理研究对象和内容的分析，科技管理伦理的内容结构大致包括人（个人为基础）、组织（不同类型的科技组织和科技管理组织）、社会（环境）三个方面的要素，这些要素构成以科技工作者和科技管理者个人为主体的伦理调节为基础、以组织之间的伦理调节为中介、以社会对个人和组织的伦理调节为归宿的层次体系（如图3－1所示）。

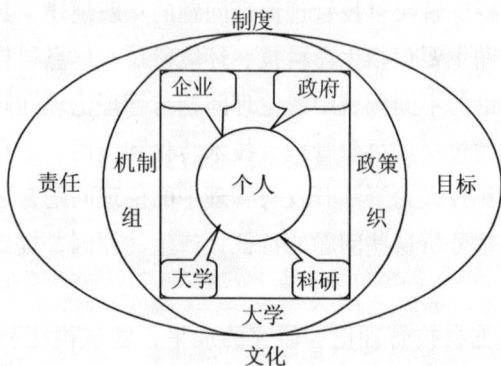

图3－1　科学技术管理中的伦理关系结构模式
Chart 3－1　Structural mode of ethical relations in sci－tech administration

此图表明，在科技活动和科技管理活动中，个人、组织、社会构成一个同心圆。个人位于科技管理伦理调节最核心的层面，既是科技管理伦理调节的出发点，也是科技管理伦理调节的归宿。(1)个人层面的科技管理伦理调解，包括科技活动和科技管理活动的主体(科学家、工程师、管理者)之间的伦理调节，个人与组织(企业、大学、科研院所、政府部门)之间的伦理调解，亦即通过与组织的关系所进行的个人与社会(经济、政治、文化)之间的伦理关系的调解，它是科技管理伦理调节的基础。基于个人层面的这种调节，是科技管理与科技伦理任何单独作用都无法实现的；(2)组织之间的伦理调节，包括科学研究的营利与非营利性机构、科技管理的政府和非政府组织之间以及与它们的科技活动和科技管理活动利益相关的个人与社会之间关系的伦理调节，可见，组织层面的科技管理伦理调解是个人与社会层面的科技管理伦理调节的中介、纽带和渠道；(3)社会层面的科技管理伦理调节主要是指社会运行的宏观秩序例如经济秩序、政治制度、舆论环境、文化传统等方面的科技管理伦理调解，因为，这些方面的价值目标并不总是步调一致的，过于单调地强调任何一个方面都可能导致科技活动和科技管理活动及其后果的社会失调。可见，道德现象、伦理关系是一种极其普遍的、渗透于科技活动和科技管理活动之中的、基于人与自然关系基础之上的人与人之间的利益关系，有了人与人之间的利益差别与冲突，也就相应地存在伦理关系。

科技管理伦理研究内容的结构与层次，体现了人与人之间的关系对人与自然关系的决定作用。表明人与自然之间关系的调解，离不开人与人之间关系调节，人与人之间客观关系的调节离不开人与人价值关系的调解，科技管理伦理就是通过将调节人与人之间的价值关系与调节人与人之间的客观关系结合起来从而实现对人与自然关系的调节的科学。以往由于科技发展水平和科技管理活动范围的限制还没有提出这样多层次的、全方位的调节的需要，主要的调节方式都是诉诸于直接调节的手段，例如，在科技管理和科技伦理中都是立足于对人与自然关系的直接调节，只不过科技管理通过组织制度为中介，诉诸于计划、组织、管理、协调、控制等职能，科技伦理以伦理准则为中介，诉诸于个人内在的伦理品质，尽管他们都能在一定的层面上发挥作用，但是由于缺少相互协调而形成的系统功能，而无法实现其目标。科技管理因其理性成分和外在规定性而无法达到科技活动和科技管理主体的内心，科技伦理因缺少介入科技活动的机制和途径而无法成为具有普遍和现实意义的准则，从而无法实现人与自然关系与人与人之间关系的协调。科技管理伦理将科技管理的组织制度设计与科技伦理的深入人心的伦理准则结合起来，打通了个人、组织、社会之间的伦理调节的樊篱，为实现由内(个人)向外(社会)或者由外向内的全面、有序的调解，实现通过调节人与自然的关系调节人与人的关系或者通过调节人与人之间的关系调节人与自然的关系的双向调节奠定了研究基础。

强调科技管理中的伦理关系，并不等于忽视其他关系，而是强调它的基础性主导性和普遍性的地位和特征。例如，由于现代科技管理具有公共管理的性质，在科技管理中与伦理关系交织在一起的还有权力关系和法律关系等等。权力关系是指在科技管理中由组织关系确定的领导与被领导、命令与服从的结构性联系，它是以层级节制的方式实现的。法律关系是指由国家法令和科技管理中的内部规范所确立的制度性关系，它是通过群体间的不同职能和职责定位确立起来的。但是由于科技管理中的伦理关系是建立在一个社会所拥有的普遍人际关系和行为准则基础上的，是体现在科技管理活动中的价值关系，因而这种关系首先是科技管理组织群体成员个人之间伦理关系，其次才是组织群体之间的伦理关系，即使是以组织群体间关系的形式存在，也只有通过个人才具有现实性的关系。这就要求在认识科技管理中组织群体之间的伦理关系时以个人为基点，通过个人去实现组织成员之间的积极合作和有效协调，然后上升到群体的层面。在群体之间，也是通过个人来促进群体间的积极合作和有效协调的①。这种通过在个体中确立处理人本与天本、合作与竞争、公平与效率、个体与群体、眼前与长远利益的道德意识和道德自觉来实现对这些关系的积极、主动、全面的、和谐的、可持续的道德调节，对调节权利和法律关系是有益的、不可缺少的机制，同时权力关系调节与法律关系的调节也是

---

① 张康之. 论公共管理中的伦理关系[J]. 中国人民大学学报，2003，2：136－143

伦理调节的有效保障。

3.3.3 科技管理伦理的价值体系和基本准则

所谓价值体系是由一系列价值目标按照一定顺序排列构成的价值观念系统。科技管理伦理化，实质上是科技管理目标的伦理化。科技管理伦理价值体系是科技管理目标的核心内容，它是科技管理人本化、生态化、效能化等多元价值目标构成的一套完整的、和谐的目标系统，科技管理伦理准则与规范都是根据这一目标系统提出的，它们是这些目标的具体体现。

一般而言，伦理准则包括外在准则与内在准则。科技管理伦理的外在准则是指科技管理活动的合伦理性，即人们用外在于科技管理的道德标准和规范来评价科技管理，衡量科技管理活动与社会管理系统的价值目标是否一致，它是与社会关系相互协调的方面。这些外在准则包括：人性尺度、个人和组织的价值观以及评价科技管理的一般伦理原则，如公正、平等、人道、效率、民主等观念。内在准则是指人们从科技管理活动中引申出来的具有伦理意义的法则，这些准则包括：追求效益的原则，管理者与被管理者之间的信任、尊重、关心的伦理准则，管理集体主体与个体主体之间的权利、公平、民主等伦理准则，科技管理与社会之间的责任、服务、秩序等伦理准则，管理与自然之间的和谐等伦理准则以及组织与组织之间的协作与竞争、合法、守约等伦理准则等等。还有人提出作为公共管理的科技管理伦理规范主要有：以人为本、公益至上、有害不为、慎用权力、社会责任、平等竞争、增进信任等。

在信息社会中，它们表现为网络管理的价值体系和伦理准则。尽管到目前为止，还没有一套全球性的网络管理伦理规范，但是各个地区、国家和不同的网络管理组织为了保证网络正常运作而制定了一些协会性、行业上的管理伦理准则和道德规范，在很大程度上保证了目前网络发展的基本需要。例如，目前在一定程度上达成共识的网络伦理三原则：全民原则——一切网络行为必须服从于网络社会的整体利益，网络社会决策和网络运行方式必须以服务于社会一切成员为最终目的，不得以经济、文化、政治和意识形态等方面的差异为借口，把网络仅仅建设成只满足社会一部分人需要的工具；兼容原则——网络主体间的行为方式应符合某种一致的、相互认同的规范和标准，个人的网络行为应该被他人及整个网络社会所接受，最终实现人们网际交往行为的规范化和信息交流的畅通无阻；互惠原则——任何一个网络用户必须认识到他(她)既是网络信息和服务的使用者与享受者，也是生产者和提供者，既有享受网络社会交往的一切权利，也应承担网络社会对其成员所要求的责任。这三项原则作为网络管理伦理的基本准则，为制定网络行为的道德规范奠定了价值观基础和理论依据。美国计算机伦理协会据此提出了包括为社会和人类做出贡献、避免伤害他人、要诚实可靠、要公正且不采取歧视性行为、尊重包括版权和专利在内的财产权、尊重知识产权、尊重他人的隐私、保守秘密等八条职业道德规范和十条戒律：不应用计算机去伤害别人；不应干扰别人的计算机工作；不应窥探别人的文件；不应用计算机进行偷窃；不应用计算机作伪证；不应使用或拷贝你没付钱的软件；不应没经许可而使用别人的计算机资源；不应盗用别人的智力成果；应该考虑所编程序的社会后果；应该以深思熟虑和慎重的方式使用计算机等。美国南加利福尼亚大学还具体地指出了六种不道德的网络行为类型，包括有意造成网络交通混乱或者擅自闯入网络及其相连的系统，商业性或欺骗性地利用大学计算机资源，偷窃资料、设备或智力成果，未经许可接近他人的文件，在公共用户场合作出引起混乱或造成破坏的行动，伪造电子函件信息等，为网络社会道德判断以至立法确立了基本标准和底线。可见，网络社会的科技管理伦理与其他科技领域一样，既是一般社会管理伦理原则的体现，又具体地反映了这一科技活动领域的特殊管理要求，成为科技管理伦理实践的指南。①

在生态社会中，它们表现为人与自然对立统一的价值观和科技进

---

① 戴汝为．关注网络行为的规范和道德问题[N]．光明日报，2005，6，30(5)

步不应造成或者尽可能降低生态环境风险的生态伦理准则。当前已经发生和越来越严重的生态危机告诉我们，无论技术多么完美，都不可能代替生态系统的自我调节机制，即便是人类最发达的科学技术对地球生物圈生态过程的模拟也是有限的，亦即用科学技术代替生物圈是不可能实现的，是有巨大风险的，1991 年美国投资一亿美元开展的"生物圈二号"生态试验工程，忠实地证明了这一生态规律。这一事实告诫我们，由经济利益驱动的传统的人与自然相对立的科学技术发展观和发展模式，必须转变到人与自然相协调的方向上来。就是说科技进步所造成的生态风险应低于人类面临的风险，这是一切科技活动所应遵循的生态伦理准则。因为任何技术尽管使自然向某种有利于人类的方面转化，但是只要引起了自然的变化，都会面临某种自然报复的风险，对自然的改变越大，风险越大，"为了避免对环境造成不可逆转的损坏，避免对人类生存构成威胁，就要在进行这类技术工程决策时，坚持环境的风险应低于人类面临的风险的原则，以对人类子孙后代负责的态度，对环境负责，对其他物种的生存和繁衍负责。"①从这个意义上说，生态安全是其他一切任务都应服从的最终价值目标，是一个带有普遍的、全人类性质的价值观念和伦理标准，运用这一标准对科技活动进行道德判断，结论只能是：如果一个科技项目或科技活动给环境的风险低于人类面临的风险，就是有利于生态安全的善行，否则是恶行。

在生命医学领域，随着克隆技术的进展及其社会应用领域越来越广泛，不同国家都加强了对这一技术的管理，提出了越来越严格的伦理准则和规范。以我国为例，国家人类基因组南方研究中心伦理学部近几年的一项主要工作，就是探讨胚胎干细胞的伦理程序。2001 年10 月，他们提出了《人类胚胎干细胞研究的伦理准则（建议稿）》（以下称《建议稿》），共 20 条；2002 年 8 月，经进一步修改的《建议稿》为上海市科技委员会所采纳；2003 年 12 月，国家科技部吸取了《建

---

① 叶平. 生态圈自调节不可替代—科技观的生态转向.［N］科技日报，2001，12，14 对科技资源

议稿》的成果，颁布了《人类干细胞研究的伦理指导原则》；2004 年 3 月，国际权威刊物——《美国肯尼迪伦理研究所杂志》全文发表了《建议稿》，其主要内容有："人类干细胞研究是人类文明发展史上一项光明的事业，应该支持我国科学家积极开展这方面的研究。为保证这一研究工作的顺利开展，应建立一套符合国际生命伦理原则，又适合我国国情的胚胎干细胞研究和应用的伦理准则。"这些原则包括："行善和救人"、"尊重和自主"、"无害和有利"、"知情和同意"、"谨慎和保密"等等。明确规定"禁止生殖性克隆"，对于如何进行胚胎干细胞研究也作了严格规定。并主张"建立和健全生命伦理委员会的审查、监控和评估机制。生命伦理委员会和专家委员会应严格审查人类胚胎干细胞研究的计划，并对研究的进程和成果进行伦理评估，务使人类胚胎干细胞研究符合国际上有关的章程，符合我国的有关政策法规，利于为人类健康服务。"

4 科技管理伦理调节系统与机制

4.1 科技活动中的调节系统

4.1.1 科技活动中的三种调节方式

现代科技活动是以市场为基础、与经济紧密联系在一起的。在市场经济条件下，科学技术作为生产力的要素，首先受市场的价值与价格规律支配。市场机制像一只"看不见的手"①，对科技资源的配置、科技活动效率和效益的提高、科技人才流动的方向等方面发挥基础性的调节作用。科技活动的市场调节具有自然性——不以人的主观意志为转移的"自然关系"导致社会趋向和谐均衡，协调性——个人与他人、集体、社会之间的利益矛盾通过市场机制的调整趋向公平与统一，系统性——在保证单个因素相互作用的有效性的同时实现社会公益的最高目标。然而，由于资源的有限性、稀缺性，信息流动的非对称性以及科技活动主体的有限理性等方面的限制，导致市场失灵。例如，自由竞争造成垄断，垄断造成停滞和腐朽，这种趋势反过来成为市场调节的束缚和障碍；市场外部性使少数人的成本与社会成本之间产生矛盾，个别企业和个人带给社会的生产成本大于企业消耗的成本，如科技产品的社会风险和环境污染，导致价格价值规律扭曲；具有投资规模大、产品周期长、技术含量高、长远社会效益的公共产品（国防、教育等）缺失，等等。对科技活动起基础作用的市场调节的

95

---

① ［英］亚当·斯密. 国民财富的性质和原因的研究（上）［M］. 商务印书馆，1994.27

失灵，要求国家和政府不能再做市场经济的守夜人，而是要作为公共利益的代表，发挥政府调节这只"看得见的手"的调节作用。

科技活动的政府调节表现在对科技活动管理方面。它是以政策、制度和法律的形式干预科技活动，在市场调节的基础上所进行的国家调节，目的在于弥补市场机制的先天不足。1929－1933年西方世界爆发的那场历史上罕见的大规模经济危机，使大多数市场经济国家不得不放弃自由放任的市场经济，而采取相应的反危机政策。美国第32任总统罗斯福(Franklin Delano Roosevelt，1882－1945)"新政"，实施了包括金融管制、工业干预、农业调控、就业创造和社会保险的反危机政策，几乎覆盖了国民经济的各个领域。以凯恩斯(John Maynard Keynes，1883－1946)为代表的西方经济学家，提出了包括利用财政和货币政策指导消费、调控投资的政府全面干预经济的政策主张。此后，在"看不见的手"引导下的市场调节，纳入到政府"看得见的手"的全面干预轨道上来，科技活动也是如此。但是，政府管理的调节方式总是以一定的强制性为前提，有一种天然扩张的趋势以及这种趋势具有不可逆的特点。尤其是当权力发生滥用时，会产生更高的社会成本。西方社会的"经济丑闻"和"科技危机"都是在这个时候爆发的。因此，人们把寻求一种能使私人和组织的成本与效益同整个社会的成本与效益进行有效协调的管理机制，即在市场经济"看不见的手"与政府调节"看得见的手"都无法有效发挥作用的地方，形成一种非市场、非政府的调节机制，这种调节就是涉及个人内心活动的伦理调节。

当前弥漫全球的应用伦理研究和科技伦理研究热潮，就是建立在市场调节与政府调节之上的第三种调节——伦理调节。相对于市场调节这只"看不见的手"、政府调节这只"看得见的手"，伦理调节可以说是一只"若隐若现的手"，它通过习俗信念、市井舆论深入人心，遍布社会，是对市场调节与政府调节的补充。在与经济活动密不可分的科技活动中，市场调节、政府调节、伦理调节三种调节方式，相辅相成，成为不可或缺的三种调节方式，也构成三大调节系统，即科技经济调节系统、科技管理调节系统和科技伦理调节系统。在上述三大调节系统中，科技经济系统具有基础性地位和作用，科技管理调节系统居核心地位和作用，科技伦理调节系统具有主导性地位和作用。因为，市场调节是基于个人的利益之心所进行的、按照效率导向对资源的分配和调节，遵循效率效益规律；管理调节是基于国家和社会的整体利益需要所进行的政策、制度、法规等形式的强制性调节，遵循权力权威原则；伦理调节则是从个人与社会、与他人之间利益关系应当如何的角度所进行的价值调节，具有高层次、超越性和膺服性的特点，具有核心地位，发挥主导性作用。

　　基于上述分析，可以认为，当前科技活动的困境在很大程度上不是受科学技术本身的因素决定的，而是受社会各种利益关系牵制并且是这些关系的秩序失控的结果。就是说当前存在的人与自然之间的不和谐音符不完全是科学技术奏响的，实质上这不过是人类利益冲突和伦理秩序失衡在科技活动领域的反映而已。在科技活动中，国家利益、市场利益和个人利益之间矛盾和调节，是科技伦理的核心问题。因此，调整科技发展的方向和管理的目标，最根本的在于及时调整支配科技活动的社会伦理关系。在以往的计划经济体制下，科技活动和科技管理并没有获得真正的自主权，科技决策表现出国家层面的伦理关系代替其他层面尤其是微观层面的伦理关系的特征。而在市场经济条件下，科技管理中其他层面的、尤其是企业和个人等市场微观科技活动的主体之间的伦理关系开始受到重视。但是，市场经济并非万能，其本身存在着"市场失灵"的缺陷。科技管理又陷入过于强调市场微观经济主体的利益，忽视各个层面上与其他利益相关者的协调和平衡的误区，出现了忽视人类利益、社会利益、长远利益的现象，破坏了科技活动中伦理关系的平衡，甚至出现了科技成果的违法滥用等现象，在给自然与社会带来危机的同时，也使科学技术本身陷入了令人恐慌和悲观失望的境地。因此，科技管理与科技伦理结合是十分必要的，它以维护自然－人类－社会大系统的平衡为前提，以合理关心、适度保证、统筹兼顾所有利益相关者的权、利、责、义为取向，力求将所有的利益关系纳入科技管理的规划、决策、组织、制度等过程中去，防止和遏制科技管理中伦理关系的失控倾向，以促进科技可持续发展的实践活动。只有这样，科技管理才能通过扩大科技成果完成社会赋予科学技术的任务，同时科技活动要以义利兼顾、义利并重、义利互济的价值观念为基础和原则①。

4.1.2 科技管理伦理系统的地位与作用

科技管理伦理调节系统，是科技管理调节系统与科技伦理调节两大系统的优化与集成。科技管理伦理系统不仅保证了科技经济调节系统的运行及其基础作用的发挥，而且弥补了它与生俱来的缺陷和运行中的失灵状态，三大系统之间彼此相互支撑、相互补充，从而实现科技活动的伦理化管理目标。所谓伦理化管理目标，就是科技管理中渗透价值导向、遵循伦理原则的管理，就是把科技管理的效率效益目标与科技伦理的人本、和谐目标辩证地统一起来。但是，科技管理调节与科技伦理调节毕竟有所不同，了解它们各自的功能和特点，是构建科技管理伦理调节系统的前提。

科技管理系统主要包括计划、组织(协调)、控制等基本职能。包括提出科技管理系统的目标，并将目标分解到所属的各个科技管理部门中去，为每个部门实现目标制定标准；形成计划，即制定预算和实施计划以及制定保证目标实现的措施等；根据目标和计划划分任务，通过组织协调使任务部门化，并实现权、责、利的统一；对计划执行的情况进行监督、检查和反馈，通过控制系统控制目标的标准，获得执行结果与目标之间的偏差信息并采取措施纠正偏差，最终实现系统的目标。其系统的运行过程如图4-1所示②。

科技伦理调节系统是科技管理主体内在的、自觉的调节机制。所谓内在的、自觉的调节，就是超越了市场经济微观主体的利益追求、超越了政策法律义务的强制，自觉自愿地以实现社会利益为目标追求的自律精神，它是所有调节的根本目标和精神实质。它规定

① 毕宏音. 论企业道德化决策[J]. 道德与文明，2004，6：43-45
② 沈玉春等编著. 科技管理[M]. 科学技术出版社，1993.50

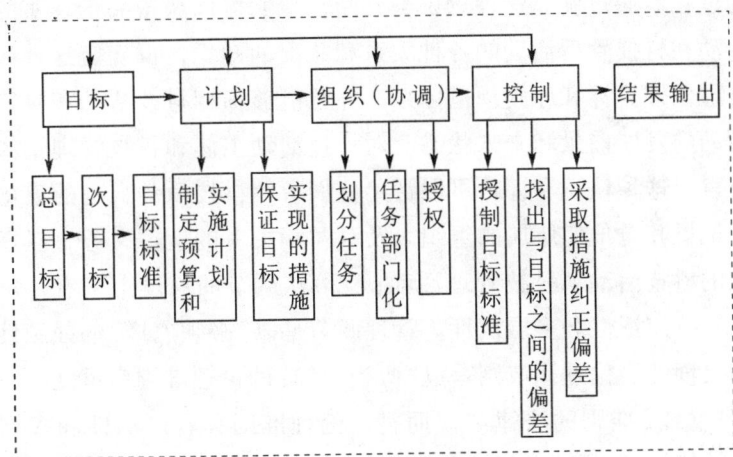

图 4 - 1　科技管理系统
Chart 4 - 1　System of MST

了市场调节和政府调节的价值取向，是对市场调节与政府调节合理性和合法性的认定和证明。由此可见，伦理调节是市场调节和政策法规调节准绳，它对整个科技活动发挥导向、激励和动力的重要作用。主要从以下五个方面发挥其他两种调节所不具备的特殊作用：
（1）从调节的角度和范围上看，管理伦理调节是从现实利益关系的角度去调节科技活动中的各种关系。如生命科学与技术中的人体试验是否侵犯了受试者的知情同意权利，安乐死是否有悖医学救死扶伤的宗旨，器官移植及其人造器官的制造是否会造成社会资源的分配不公，辅助生殖、生育控制、遗传优生以及克隆人等是否损害了利益相关者的权利等等。在长期的科技活动和科技管理实践中，人们初步达成了安全优先、知情同意、病人自主、禁止买卖器官、保护病人隐私等道德规范，同时从这些规范中不断提炼出对待生命科技的管理伦理原则，如以尊重生命为核心的"自主、有利、不伤害、公正"四原则，用以指导人们在生命科技领域的实践活动①。这一过程实质上是科技活动和科技管理主体确立道德意识和进行道德判

————————————————
① 韩跃红．尊重生命：生命伦理学的主旨与使命［N］．光明日报，2005，4，12

断的过程。通过确立这种意识与判断，他们可以获得关于现实的科技活动和科技管理活动的各种关系和状况的知识，以确定这种活动的管理伦理目标和原则规范体系，并且能够预测科技活动和科技管理活动的发展前景和未来状态。对科技活动主体和科技管理主体个人而言，这种认识和评价可以帮助他们了解科技活动自身的道德意义，把握其对他们所属的组织以及利益相关者的道德义务，以指导自己的科技活动和科技管理活动；（2）从调节的尺度上来看，伦理调节具有广泛性和多层次性。管理调节是以"必须怎样"的强制性准则为尺度的，伦理调节则是以"应当怎样"的伦理准则为尺度的，相对于"底线"准则的法律法规而言，伦理准则具有广泛性和多层次性。它能够通过论证科技活动和科技管理的合伦理性，通过确证科技活动的管理伦理价值目标和标准体系，发挥对人的激励作用、对群体的凝聚和精神升华作用。例如，市场调节以适应科技活动规律与市场经济规律为原则，然而，科技时代人们并不认为能做的就一定要做，效益越高、发展越快、经济越繁荣就越幸福，相反，随着科学技术的发展，人们提出了"以人为本"的价值目标。更加深刻地认识到人是目的，人有最高价值，人的全面发展具有最普遍的伦理意义。这一朴素而坚定的伦理精神，成为激发科技活动主体从事科技活动的内在精神动力；（3）从调节重心上看，伦理调节侧重于引导科技管理主体维护其行为客体应有的权利，而不是像市场调节与法律调节那样，引导科技管理主体以谋求自身权利为前提和归宿去履行它应有的义务。因而，这更加有利于科技管理主客体之间以及与利益相关者之间的协调，有助于从他人的和整体的利益出发，去解决科技管理中的各种利益冲突问题。从这个意义上来说，法律秩序作为社会秩序在于使人们纳入现实的秩序之中，伦理秩序则是引导人们向高于现实秩序的理想秩序提升的趋势，因而伦理调节在其他诸多调节中具有导向性；（4）从调节的方式上来看，伦理调节不同于凭借权势的慑服、凭借利益的诱惑，而是诉诸于舆论褒贬、沟通引导、教育感化等唤起人们知耻心和道义感以及善恶判断的良知良能等。在科技管理中，伦理调节具有法律调节等不可企及的经常性、深刻性和灵活性等特点，发挥活化和软化科技管理制度的特点；(5)从调节效力上来看，伦理调节对于内涵为非对抗性矛盾的关系和冲突，具有政策法规所不具备的调节效力。它以主体主动积极地承担道德义务为前提，通过制定科技管理伦理原则和规范，并使这种规范深入人心，把科技组织凝结为一个整体，增强组织的凝聚力、向心力，从而发挥整体作用。同时，它能够通过沟通和协调，搭建对话的渠道和平台，化解矛盾，疏通障碍，并将长期形成的习俗向制度和法权过渡，以提高其效力。

科技管理伦理调节系统是以科技管理调节系统为依托、以科技伦理调节系统为导向的科技活动的管理伦理系统，其系统的构成主要包括目标、对象和环境等三个方面的要素。(1)从科技管理伦理系统的目标来看，它是由科技管理系统和科技伦理系统共同规定的、以科技伦理系统的目标为导向的、规范着科学技术向人们期望的方向发展的目标体系。例如，当前科技管理系统的运行障碍，越来越倾向于来自人、特别是人的精神方面，来自科技管理的主客体以及利益相关者对科技活动的目的、意义、价值、作用及其未来的认识、理解和态度。人们宁可不用 DDT，宁可阻止对克隆人的研究以减少技术产品给生态和环境以及后代人带来的危险。可见，传统的、单纯以效益为目标的科技管理系统，遭遇了人们对科技管理系统目标的伦理质疑和挑战，因此，对科技活动的目标的管理伦理调节成为科技管理伦理系统的基本要素之一；(2)从科技管理伦理系统的对象来看，主要是对科技活动过程中不同利益主体之间关系的管理伦理调节。管理伦理调节的对象不仅是科技活动中人、财、物的关系和使用效率的问题，而且是科技管理系统中通过人财物之间的矛盾表现出来的不同科技主体之间的利益矛盾和冲突，这些矛盾和冲突的原因在于不同层次和类型的科技活动运作过程中的主体利益出轨，这些利益关系如图 4-2 所示，以伦理为原则、管理为手段调节这些利益关系是科技管理伦理系统的对象和任务；(3)从科技管理伦理调节系统的环境因素来看，包括市场秩序、社会舆论、政策法规等方面。例如当市场竞争压力较为平稳，各种科技活动主体对科技资源的需求能够得到较好的满足，各自的利益都能得到一定的体现的时候，科技管理伦理调节能够较好地为大家所接受，也能较好地发挥调节作用。反之，如果科技资源配置和科技成果的分配差距拉大，各种组织为了各自的利益必然采取强硬的措施，甚至不法行为，科技伦理管理即使采用制度化的硬性管理也会收效甚微。再如社会舆论环境的影响，如果公众对科学技术给社会带来的种种影响越来越关心，舆论监督和参与决策的要求越来越强烈，对科技组织违背社会或其个人利益的容忍力越来越低，则越有利于科技管理伦理调解，反之，社会麻木不仁，科技管理伦理的作用就无从发挥，引起失去了调节的主体性凭依。同样，政令严明、法规健全、执行有力的政策法规环境，对科技管理伦理调节是有力的保障。

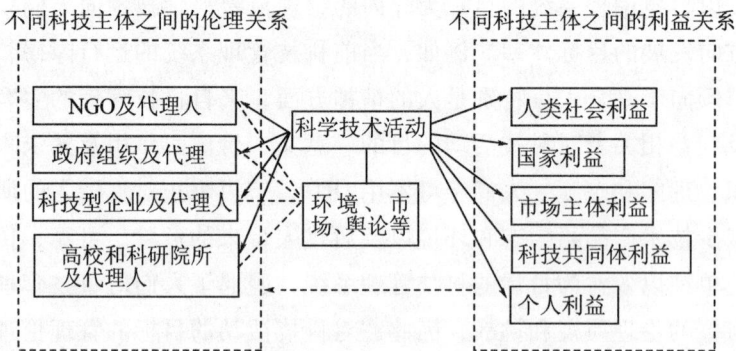

图4-2　科技管理伦理的调节对象和依据
Chart 4-2　Ethical adjustment object and basis of MEST

综上所述，科技管理伦理系统与科技管理系统相比照，从以下三个方面深化了科技管理的功能：（1）目标更高。科技管理伦理调节不仅要提高科技活动的效率，而且还要使这种效率的提高以及成果的分配符合社会的伦理价值原则，而不是顾此失彼；（2）科技管理伦理调节不仅是管理实践操作系统，而且还是一种不断提升人性化管理价值的实践精神系统，具有理论与实践、认识与活动相统一的特点；（3）科技管理伦理调节能够将科技管理中主客体关系，由对立的、外在的约束关系转化为融合的、自觉的自我约束，深化了科技管理的本质。具体而言，科技管理与科技管理伦理调控具有以下区别（如表4-1所示）。

表4-1　科技管理伦理与科技管理的区别
Table 4-1　Differences between MEST and MST

分类	目标	对象	内容	形式
科学技术管理的伦理调节	科学技术的健康可持续发展	不同层次、不同组织中人与人的利益关系（人类利益、国家利益、地方利益、组织利益、个人利益等）中的矛盾	价值观念 伦理标准 道德规范 道德品质	科技活动的道德判断、评价、修养、舆论、教育、监督、奖惩等内部机制；科技组织伦理、制度、经济、政府、文化等外部机制
科学技术管理	科学技术系统的工作效率	科学技术活动中的人、财、物的浪费和低效运行状态	科学原则 效率原则	科技政策 科技体制 科技组织 科技成果 科技队伍等

4.1.3　科技管理伦理系统的结构与功能

在详尽地分析了科技管理中伦理调节的目标、对象、任务、特点以及必要性等问题之后，需要进一步分析科技管理伦理调节系统构成要素之间的内在联系和逻辑结构以及结构的功能问题。科技管理伦理调节系统的结构就是使科技管理伦理系统发挥作用时要素之间的稳定联系，由于这些要素发挥作用的复杂性，其相对于科技管理伦理系统他们本身也是一个具有一定功能的子系统。本文认为科技管理伦理系统的结构是以科技伦理为核心、以科技经济伦理为基础、以科技组织和制度伦理为支撑、以科技政策伦理为导向的复杂系统，具体形态如图4-3所示。

——以科技伦理为核心的科技文化系统：科技文化系统是整个科技管理伦理系统的逻辑起点，其以人与自然、社会及人自身的全面自由发展为科技发展的核心价值理念，处于整个科技管理伦理系统的核

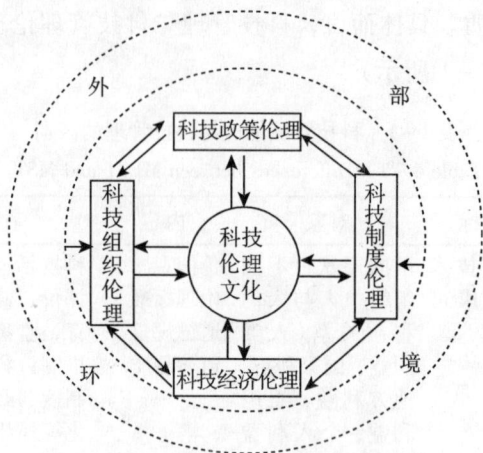

图 4 – 3 科技管理伦理系统结构模型
Chart 4 – 3 Structural model of MEST

心地位，其他系统从不同层次和角度与其相关联。它一方面通过提高科技主体的科技创新能力，保证科技发展的可持续性，另一方面，需要从科技经济伦理系统中吸取能量，受科技组织和制度的影响，同时在科技政策的导向和约束中运行。

——科技经济伦理系统：科技－经济伦理系统是科技可持续发展的经济支撑系统，具有奠定物质基础的功能。经济基础决定上层建筑和意识形态，科技管理伦理归根结底是从经济活动当中提取价值观念和伦理标准的。同时，科技－经济伦理也受其他系统的制约，如科技政策伦理的宏观调控、科技组织和制度伦理系统的约束和系统配置状况的牵制等。

——科技组织伦理系统：科技组织是科技活动的形式，它是实现科技管理伦理的中介因素，科技政策伦理、科技经济伦理以及科技制度和科技文化系统都在科技组织伦理系统中表现出来，同时它也受到来自组织内外部不同科技伦理系统的制约。

——科技制度伦理系统：科技制度伦理是科技管理伦理整个系统功能、以及各组成部分系统功能实现的保证。一方面制度化的伦理强化了各系统的功能，另一方面各系统的功能如果没有制度化，也就没有刚性的、长效的机制的保证，从而无法抵御扰动机制的影响，导致整个系统出现偏离平衡的状态。

——科技政策伦理系统：科技政策伦理系统是科技管理伦理系统运行的宏观机制和协调机制。它为包括经济伦理系统等各个子系统提供物质基础、组织能量、制度保证和精神动力。通过一系列调控手段，促使各子系统之间达到协调和均衡。但是它也受来自各个子系统的资源的限制，离不开各子系统的支撑。

——外部环境系统：外部环境系统是由上述各个系统所构成的内部系统发生变化的外部扰动因素，它对科技管理系统内部的主变量起着"叠加共振"的放大作用①。

既然如此，科技管理伦理系统的功能就表现为上述六个子系统功能的优化：

第一，科技伦理文化建设将科技管理伦理的目标化做科技活动主体的内心信念和执著的追求，以此校正市场经济利益导向的偏差和失误，弥补政策法律的漏洞与不足，调动科技活动主体精神力量和全社会对科技活动进行伦理化管理的潜能，从而克服科技发展带来的异化现象，实现科技发展与社会发展的和谐统一。

第二，科技经济伦理建设有助于实现科技活动的经济效益与社会效益之间伦理关系的平衡。科技管理伦理所确立的价值体系和伦理原则是有层次的，最基本的准则应当是维护市场经济健康发展的经济伦理要求，科技活动既然首先是经济的，就离不开经济伦理基础。例如，对于以经济效益为中心的企业层面上的科技活动而言，其利益关系包括以市场机制为纽带的个人与企业、企业与企业、企业与政府、企业与社会之间的各种伦理关系，企业科技活动主要是以契约和诚信为纽带所进行的伦理观管理，它既有在市场中取得其他科技组织（包括企业）的资金、技术、信息、人才帮助的权利，也有遵循市场规则、维护市场秩序、创造社会效益的义务，因而，科技管理伦理具有维护、提升市场经济伦理的基本功能。

第三，科技管理伦理把协调不同科技活动组织之间的利益矛盾提

① 阎耀军．社会稳定的计量及预警与控管理系统的构建[J]．新华文摘，2004，18：11

高到一个系统的、整体的高度来认识，有助于各个组织自觉地调整自己的管理目标，与其他不同组织达成良性的竞争与合作关系。例如对于以全人类整体利益为核心的 NGO 组织而言，其提出的保护生态环境的伦理准则，对于以经营为目的的企业组织伦理是一种有效的监督和制约，同时表明，科技管理伦理调节能够通过组织之间利益关系调节的途径影响人的行为，发挥伦理化管理的作用。

第四，科技制度伦理建设为科技管理伦理制度化建设提供了着力点，具有保障科技管理伦理实施的功能。一方面，它为各个组织重新评价自己的管理制度、措施提供更全面的标准和改进的机会；另一方面，它将伦理要求渗透于制度的运行之中，有助于科技活动主体认清和理解不同价值目标的层次性及自身利益所处的地位，自觉地使自己的行为与更高目标的价值导向相一致，强化伦理的管理功能。

第五，科技政策伦理有助于实现政府科技管理中的权力关系、法律关系与伦理关系的平衡。对于以国家利益（公共利益）为核心的政府科技管理（公共科技管理）而言，主要的利益关系是以政策和法规为纽带的伦理关系，表现为国家政府通过科技发展规划、政策和依法对科学技术的投资、组织，科技成果的应用、鉴定和人才培养和奖励制度等管理制度的建设以及科技效益的分配等等，有助于实现科技政策法规与伦理道德的接轨，对科技管理伦理发挥保证的作用。

第六，有助于使各个层面的科技活动主体看清环境影响的重要作用，认识到组织自身利益对环境的依赖性，从而强化建设环境的责任意识。

总而言之，科技管理伦理系统具有集科技管理、科技伦理系统要素和功能之大成的特点和两大系统交叉融合对科技活动总体规划和具体指导相结合的优化功能，表明了科技活动领域管理伦理调节的必要性、可能性和现实性。

4.2 科技管理伦理调节机制

科技管理伦理机制是指在由科技管理及其道德调节构成的系统中，基于内部各构成要素之间的有机关联性而形成的因果联系和运作方式。主要由内部调控机制和外部调控机制两大部分构成。内部调控机制是指由科技管理与伦理构成的系统内部的、以道德对科学技术的作用为最终目标的相互作用机制，包括微观道德控制机制和宏观调控机制。外部机制是指科技管理伦理系统外部诸因素的影响及内外部因素之间的相互作用方式，主要有社会目标、经济制度和政策法规等因素。

4.2.1 科技管理伦理系统内部调控机制

科技管理伦理的内部调节机制包括微观调控机制与宏观调控机制。微观调控机制，是指个体道德调控机制。个体道德调控机制是社会道德调控区别于其他调控方式的特点，也是道德社会调控的微观基础，主要包括个体道德心理机制和个体道德人格机制。

从个体道德心理机制来看，它是指具有一定社会身份的个人，在自我发展过程中适应一定社会利益关系要求所具备的道德素质和指导自身道德行为选择的内心道德准则的总和。道德作为一种特殊的社会现象，只有通过个体认同，并内化为个人的行为准则，才能指导个人的行为活动，才是现实的。社会道德内化为个体道德首先就是通过个体道德心理机制发生的。自我意识是个体道德形成和发展的心理机制，个体道德成熟和完善的程度是与个体道德自我意识成熟和完善程度同步实现的。自我意识主要包括对自身生理、心理和价值以及对自身与他人关系的认识和体验，是一个由自我调节系统——包括自我认识、自我辨析、自我监控和自我控制四个要素构成，自我导向系统——由人的需要、动机、兴趣等动因部分和由人的理想、信念、世界观、人生观等方向部分构成，自我功能系统——由人的气质、性格、态度、意志、情绪、理智和能力等要素构成的复杂的、有机的系统。这三个子系统及其构成要素之间，纵横交错、相互联系、相互制约，使自我意识成为一个整体，作为人的内在心理结构，形成了人的相对稳定的主观世界。人类就是通过它对外部不断输入的信息进行选择、加工、转换和输出，来实现对现实的反映和把握的。科学技术对人们社会生活的渗透，科技管理对人们的要求，使个体在社会生活实践中同他人、社会群体的交往中，形成了把握自己与科学技术关系的自我意识结构，其中组成自我意识的各个子系统和各个要素都会参与这一个体道德的形成和发展，形成个体对科学技术道德理解的心理机制。例如，对科学技术的需求、兴趣、看法、态度、情绪、观念、价值、信念、理想以及与自身发展之间的关系的理解等等，构成指导个体对待和参与科学技术活动的心理模式。

从个体道德人格机制来看，它是指一个人做人的尊严、价值和品格的总和。这是一个人从道德上区别于他人的规定性，是每个人所特有的，它构成一个人比较稳定的内在精神结构，并由此产生出比较稳定的或一贯的行为倾向和生活态度。人们正是根据个人的这种比较稳定的或一贯的行为倾向和生活态度来确认和判断其人格的。因此说，人格是一种在个人社会化过程中形成的"人的社会特质"。道德人格作为一个比较稳定的内在的道德精神世界，也是一个由个体道德准则意识、道德责任意识、道德目标意识三个要素构成的系统，是以道德心理机制为基础形成的。道德准则意识就是道德主体依据其对生活的理解而确立的待人处世的原则和根本态度；道德责任意识是个体自我意识中最核心、最深入的层次，是对自己应当做什么、不应当做什么发出的内心道德命令，是保证道德人格意志自主性和主体完成性的内在机制和构成道德人格的基本要素；道德目标意识是道德人格中的动力因素和导向力量，它的核心是理想——道德人格主体对未来的希望、追求和向往，是从现实生活条件的比较中产生的、克服现状中不满足因素的奋斗目标。在道德人格结构中，以上三要素相互联系、相互制约、有机统一。道德准则意识既是个体道德责任意识的直接依据和内容，又是个体道德目标意识的价值基础。道德责任意识则既通过个体自我调控推动道德意识向行为转化，又维护着个体行为价值取向的一贯性。而道德目标意识则不仅驱动着主体的心理，而且激励着个体的道德准则和道德责任意识，引起个体情感振荡，产生相应行为。在科技发展中，科技工作者的道德人格具有重要作用。居里夫人、爱因斯坦、奥本海默（Robert Oppenheimer，1904－1967）等德智双馨的大师对于科学家社会责任的反省、自责，对于科学技术造福人类的道德目标的呼吁，正是这种科技道德人格的体现。同时也说明对科学技术发展进行道德调控，离开了个体道德人格的培养和形成，科技管理伦理就失去了微观基础和内在动力。

从个体道德活动的结构来看，个体为了自身的道德完善而自觉、自由地选择道德行为，目的是促进自身道德修养的提高和道德人格的完善，并以此来推动群体乃至社会道德的进步。可见，个体道德活动是群体乃至人类道德活动的基础，任何群体道德活动都得通过个体表现出来，而任何个体道德活动都要或多或少反映群体道德活动的性质和要求。个体道德活动的结构从宏观来看可以分为个体道德意识活动和个体道德实践活动。个体道德意识活动包括个体道德的道德认识活动、道德情感活动和道德意志活动等要素；个体道德实践活动包括个体道德行为活动、道德交往活动和道德调节活动等要素。从微观来看包括主体－手段－对象三个要素。个体道德活动的主体是那些具有自觉道德活动（道德认识、道德体验、道德选择、道德交往）能力的个人；道德手段是指那些能够作用于道德对象、达到道德目标的方法和途径，包括语言手段（劝说、评价、教育等）、行为手段（助人、交往、调节等）、活动约束手段（风俗、规范、戒律、命令等）、协调手段（调节、立约等）以及慎独自律等手段；个体道德活动的对象是指那些与道德主体相对的道德意识、道德行为等等，依对象的性质不同道德活动的性质不同（如道德意识活动或实践活动）。主体→手段→对象作为个体道德活动的动态系统，是在系统内外部相互作用的过程中，以控制和反馈为其运行机制的。从系统内部来看，主体对对象的控制目标，会受到来自于对象的信息反馈，以促成主体对活动的目标和手段的不断调整；从外部来看，个体道德活动作为一个整体不仅接受环境的影响，也在试图控制环境，而环境也会力图控制个体道德活动的结构。科技管理伦理的有效性就在于推动个体积极的道德活动，就在于在多大程度上将社会道德调控的目标和方法转化为科技活动中个体道德活动的目标和手段，特别是转变为自我约束、自我协调和自我激励的机制。

科技管理伦理的宏观控制机制。所谓宏观调控机制，就是由科学技术与道德构成的社会系统内部二者相互影响、相互作用产生的。美国社会学家罗斯（Edward Alsworth Ross）在《社会控制》一书中指出："诸如舆论、暗示、个人理想、社会宗教、艺术和社会评价之类的控制工具，从原始的道德情感中吸取大部分力量……它们的目的不止在于社会秩序方面，而且在于或许成为道德秩序的东西方面。把它们称为伦理的。另一方面，法律、信仰、礼仪、教育和幻想全然不需来自道德情感。他们常常是为了达到某种目的被精心选择的（政治）手段。"①可见，他认为基于个人情感发挥作用的道德作用机制主要有社会舆论、暗示（社会心理）、个人理想、社会宗教、艺术和社会道德评价等形式，而法律、信仰、礼仪、教育等，则是基于功利考虑的理性主义的政治控制机制。我国学者唐凯麟在《伦理学》一书中把社会道德调控分为宏观机制和微观机制，宏观机制包括社会赏罚、社会道德评价、社会道德教育，微观机制主要指个体道德实践活动，如道德认识、道德选择和道德修养等②。由于本书将科学技术与伦理道德分别作为一个社会子系统来研究二者之间的相互作用关系，因此，从系统的内部要素来说，对科技行为的社会赏罚、对科技后果的道德评价以及对科技主体的道德教育，都是实现科技伦理调控的主要方式。

伦理道德的社会赏罚机制是指"社会组织根据其价值标准和一定的组织形式对其成员履行社会义务的不同表现及其行为后果，以物化、量化的形式所施行的报偿，包括对行为优良者给以物质的或精神

① ［美］罗斯. 社会控制[M]. 秦志勇，毛永政译. 广州：华夏出版社，1989. 313
② 唐凯麟. 伦理学[M]. 北京：高等教育出版社，2003. 195

的奖励，对行为不良者给以物质的或精神的制裁。"①社会赏罚具有权威性、规范性、针对性和强制性的特点，作为一种特殊形式的价值选择和价值导向，具有重要的伦理调控功能。科技伦理的社会赏罚机制是指在科学技术活动中对遵守科技道德规范，履行科技道德义务和责任的群体和个人的行为加以褒奖和激励，对那些反其道而行之的群体和个人施加一定的处罚和约束，造成一定的"赏善罚恶"的道德氛围，来引导和规范科技主体选择符合社会道德价值导向发展的行为，防止和抵制不道德行为的发生。这种社会赏罚机制是立足于道德的他律性和自律性的统一基础上的。在科学技术迅猛发展给传统伦理观念和道德秩序带来冲击和挑战的情况下，严明的社会赏罚机制有助于保护那些道德发展处于自觉阶段的科技主体的积极性，提高道德感召力。同时，对那些处于道德他律阶段的人的不道德行为给予有效制止，也防止这类行为的继续发生和蔓延。科技伦理的社会赏罚机制主要包括物质利益赏罚——社会道德要求在"各尽所能、按劳分配原则"的物质利益分配和奖赏原则上体现出来；归宿赏罚——形成能够使科技伦理内化为主体的态度和行为的社会舆论氛围；行政赏罚——把科技伦理要求与科技主体的职务升降、职称任免、社会荣誉分配等联系起来。总之，科技伦理的社会赏罚机制，通过各种不同的形式，最终达到激发和培养道德主体的荣辱观，把外在的赏罚调控变为个体内部的自我调控，推动个体科技道德品质的形成和发展的目标。

科技成果的道德评价是指运用一定的道德标准，通过社会舆论、风俗习惯和个人内心活动等方式，对科技行为和应用的后果可感知的意向，做出善恶正邪的价值判断和褒贬态度。科技道德评价要发挥对个体道德的调控功能，关键在于通过提高道德认知、强化道德情感和道德意志、制约道德行为等途径把外在的道德评价转化为自我的道德评价。可见，科技道德评价相对于社会赏罚是一种具有更加广泛、更加深入人心伦理的调控方式。当前科技道德失范和科技伦理问题的产生的重要原因有两个方面，一方面是确立评价标准和评价依据问题，因为 20 世纪中叶以

① ［美］罗斯．社会控制［M］．秦志勇，毛永政译．广州：华夏出版社，1989．203

来，科技活动的"双刃剑"效应越来越突出，增加了科技伦理问题的重要性和复杂性，也增加了正确地进行科技道德评价的难度。例如在能否对科技活动进行道德评价，为什么要对科学技术进行道德评价，科技道德评价的标准和依据是什么，如何进行科技道德评价等问题上展开了一系列争论，成为科技伦理研究的热点问题①；另一方面是如何将道德标准渗透于科学技术评估中去。生物工程、纳米技术和计算机技术这21世纪三大最热门的领域，面临着技术不成熟带来的危机。一旦脱离了人的控制，人类将面临万劫不复的灾难。因此，在一种改变社会的新技术实施之前，用各种形式引发公众的充分讨论和道德评价都是必要的。因为科技管理系统具有一定的自组织、自动纠错能力，科技道德评价就是监督和实现这种纠错机制的重要途径之一。

科技伦理教育是一定社会为了使人们遵守一定的道德原则和规范，自觉履行相应的道德义务，而有组织有计划地对人们施加系统的道德影响的活动。一般而言，道德教育的任务不仅是一般地使人们懂得善恶是非荣辱，按照一定的道德法规去行动，而是将社会道德要求转化为人的道德品质。可见道德教育是道德调控形式中最为主要的、比社会赏罚更具有广泛性、正面性，比道德评价更具有目的性、系统性的机制。加强科技伦理教育，对于提高科技主体的社会责任感具有重要作用。华裔美籍学者曹聪在《中国的科学精英》一书中指出：由于近年来中国科学院院士在社会上受到极大的尊敬，他们物质待遇和权利，不仅远高于一般科学家，而且比英国皇家学会会员、美国科学院院士也有过之而无不及。但这也带来一些副作用，有的人当选院士后变得骄傲自大、有的利用自己的地位为自己的学生、单位争利益。个别的甚至提倡伪科学，或参与科学上的不端行为。因此，提高科技工作者的社会责任感和道德素质，成为当前科技伦理教育的重要任务。1993年，有14位中科院院士呼吁建立科技人员的道德规范。1997年在科学院的几个学部中建立了科学道德委员会。2001年中国

---

① Dai Yanjun, Liu Zeyuan. On the Moral Appraisal of Science and Technology. Sino – German Symposium on Ethics in Science and Technology. TU Berlin. 2003, 10

科学院主席团通过了院士自我约束的道德规范，这些道德建设都发挥了道德教育和自我教育的作用。科技伦理教育，从某种意义上说，也是对科技社会全体公民的教育，因为他们从不同的角度成为科技活动的主体。科技工作者作为科技发明创造的主体，他们对科技成果的社会应用负有不可推卸的责任；企业经营者和工人作为科学技术转化为社会产品的生产者，对生产产品的目的、过程和质量具有不可推卸的责任；广大公众作为科学技术的社会应用、产品消费的主体，对科技社会应用及其后果具有不可推卸的监督的义务。可见，通过学校、单位、家庭、传媒等各种渠道进行各种方式的科技道德教育，对于提高不同领域的科技主体的科技道德责任感，充分发挥各自的道德主体性，科学技术发展与社会道德发展就能够协调一致起来。

4.2.2　科技管理伦理系统外部调控机制

所谓外部调控机制，是指经济、政治、法律等伦理道德之外的经济基础和社会意识形态范畴对科学技术的调控作用。总体而言，科学技术发展需要适当的社会条件。这些条件主要有政治决策（制度）、法律框架（制度）、商业运作（经济制度）和科学事实（这是科学的社会接受的前提）等等。而伦理是通过对这些制度的价值导向和社会秩序的合理性证明来影响科学技术的发展的。伦理对科学技术提出的诘问和质疑，只是对科学技术挑战传统伦理秩序的正常反应，但是，如果仅仅是从态度上作出这些反应，而不通过制度的变革去应对这些挑战，是解决不了这些问题的。就是说，科技管理中的伦理调节与市场调控、政府调控和法律调控等社会条件或说社会控制手段都密切相关，这些相对而言处于科技管理伦理调控之外的调控因素，被称为科技管理伦理系统的外部调控机制。科技管理伦理目标的实现，离不开这些外在因素的保证作用。

从市场调控机制来看，科学技术作为第一生产力的功能，是在市场经济为主导的经济框架下产生的。市场经济以谋求资源的最佳配置，追求商品生产的最高效率，顺应人的本能的欲望推动经济发展，为生产力的发展开拓了十分广阔的空间。在这种情况下，科学技术的生产，也是沿着产出效率最大化的方向扩张，不断地将科技资源分配到效益最大的方向上去。这种资源配置形式能够提高科技资源的经济效益，调动科技主体的劳动积极性，不断提高社会物质和文化水平，积累社会财富，奠定人们提高道德水平的物质文化基础。与市场经济随之而来的道德是鼓励诚实劳动、多劳多得的利益分配原则和价值观念。但是，科技系统扩张带来的人的异化现象和市场失灵以及市场经济的失灵，带来了科技市场的垄断和两极分化现象以及科技产品生产的巨大社会成本和社会风险，科技生产过程的自由化滋长了弄虚作假、唯利是图、学术腐败现象和投机取巧的价值观念，成为科技社会发展和人的发展的异己力量。例如1997年联合国教科文组织29届大会通过的《世界人类基因组与人权宣言》的第1条和第4条规定"人类基因组意味着人类家庭所有成员在根本上的统一以及对其尊严和多样性的承认。象征性地说，它是人类的遗产"。"自然状态的人类基因组不能产生经济效益"。"不应单凭认识自然状态的人类基因或基因的部分序列而获取经济效益……"但是，到了90年代中期，一些大企业认识到基因信息对于制造药物的巨大潜力，他们等不及人类基因组公布基因序列的数据，便自己动手弄清某些基因的核苷酸系列，为此耗费了大量投资。这些企业和企业家宣布作为知识产权"拥有"这些基因信息，而去申请专利以求对他们投资以知识产权的保护。在这种压力下，美国专利局便批准了所谓"功能明确"的基因专利申请……，而2000年，仅仅数个月之内就注册了一万件DNA序列的专利申请……。"遗传学日趋商业化、私有化"，并且得到了许多国家法律的保护。剑桥大学研究员彼得罗·利奥指出"毫无疑问，市场经济不可避免地会与人权捍卫者，尤其是国际公共机构之间发生冲突，对此我们现在还难以作出预测。"①可见市场经济对科学技术发展的作用，

---

① 张华夏．人类基因解码的社会冲击——对人类基因组计划所引起的几个社会问题的分析．www. phil. pku. edu. cn

正如一些伦理学家纷纷指出的：推动人类发展的动力有两种：一种是"最强的动力"，一种是"最好的动力"，"最强的动力不总是最好的，而最好的往往动力不强。"①市场经济是调动人的"最强的动力"——追求利益最大化，满足个人物质欲望和感性欲望的机制，而伦理道德是"最好的动力"——以追求完善人格和精神超越为动力的机制。应当说，离开了市场经济的基础作用，科学技术的伦理调节无从实现；离开了伦理道德的导向和约束，科学技术的发展将背离人的初衷。人之"最强的力量"应该与人之"最好的力量"充分结合，以克服只有"最好的力量"带来的动力不足或只有"最强的力量"带来的盲目冲动。

从国家调控机制来看，政府调控是科技发展的重要机制。政府调控发挥弥补市场失灵、外部效应等作用。政府调控在于通过战略、计划、组织将科技发展引导到符合国家利益的方向上来，其内在的价值目标也起到伦理调节的作用。以美国为例，冷战结束前后，美国科学政策从科技发展的冷战范式向提高经济竞争力范式的商业范式的转变。所谓科技发展的冷战范式，就是为了发展某项科学技术（例如航天科学技术、核科学技术和激光科学技术），动员一切可以动员的资源与力量，不计工本、不顾成果有效性的约束，投入大量资金，全力支持的政策（例如以物理学为基础的理论研究和应用研究，给予有关企业占其产值 30% 的利润来激励这些企业为这些研究提供保证）。科学家可以利用这些优越的条件进行自由的、与他们的科学兴趣相关的研究，于是带来了物理学的春天，造成了"为科学而科学"的现象。当时的美国政府，有一种科学乐观主义的观点，他们认为，只要科学发展了，国家安全自然得到保证。可事实上从科学到技术再到经济发展，有着无数的中间环节，美国最近有些科学社会学家作了详细的研究，表明前者的发展对后者的发展并无必然联系，而且技术的发展有自己的独立性、自主性和延续性，不是事事依赖科学。到了 20 世纪 80 年代末，这种科技发展的范式遇到了极大的问题和挑战。首先是

---

① ［德］彼得·克斯洛夫斯基. 伦理经济学原理［M］. 孙喻译. 北京：中国社会科学出版社，1997

冷战的结束。从美国政府的观点看，冷战的主要敌人消失了；其次是美国突然发现，自己在经济力量上落后于日本和德国。美国到处是日本的汽车和日本的地产，连具有象征性的纽约洛克菲洛大楼也为日本财团所收购，舆论对"美国落后"大肆炒作，造成了"危机感"。于是美国科技政策和科技发展便从冷战范式转向提高经济竞争力的商业范式。所谓提高经济竞争力的科技发展模式或科技发展范式，就是科技成果商品化、私有化，科研行为与商业行为合作加强，追求利润的工具理性在科学家行为中占了主导地位。促进向这个范式转换的，是从克林顿开始的新科技政策。例如美国政府将几个耗资巨大的科学技术项目(包括耗资 60 亿美元的超导超高能对撞加速器的建设计划)加以砍掉；将许多由政府资助的研究成果，无偿转归研究者个人所得，个人获得的这些知识产权可以作为商品加以出售；颁布法令，规定大企业必须提成 1.5% 的利润支持小企业提高科技研究等等。因此，在美国能立足的小企业几乎都是高科技产业，这一政策的结果显然提高了美国高科技产业的国际竞争力，提高了国内高科技的就业职位的份额。美国还颁布了厂校合作的利益分配法、军转民用的利益分配法令，将国家对科学研究项目资助的形式由十年八年长期规划转向要求一年半载提供阶段性成果的短期计划，即从长远目标的定位转向急功近利的研究定位。这个范式的转变带来了高等院校的结构变化，在美国校园里，有许多类似于我国的"创收"的机构，科研利益在个人、研究集体和学校之间的分配成了突出的问题，知识分子收入差距拉大，学校的排名有了一个新指标：即获得"专利"有多少。这样，加州大学伯克利分校排名第一，斯坦福大学排名第二，而哈佛大学与麻省理工却远远落到后面去了。由此引起的知识青年价值观念和价值取向的变化是很明显、很深刻的。

在我国，改革开放以来，在科技政策上也曾发生一种重大的转变。这个转变主要是从计划经济模式到市场经济导向模式的转变。这个转变在某一些方面也有类似于近年来美国科技政策范式转换的地方，主要表现在科技体制的改革上，将科学研究推向市场，强调"运用经济杠杆和市场调节，使科学技术机构具有自我发展能力和为经济建设服务的活力", 强调"促进研究机构、设计机构、高等学校与企业之间的合作与联合", 以"合同制"将这种联系巩固下来。在政府拨款方面, 向应用研究和能短期出效益的项目倾斜。对于这种范式转变, 中国科学院院长路甬祥有一个评价, 他说"科技体制的改革, 在一定程度上克服了过去计划经济时代国家对科研单位包得过多、统得过死的弊端, 调动了广大科研人员的积极性。但是, 过分强调直接经济效益的政策也一度对科技界和教育界造成新的冲击, 国家对科学研究和高等教育的投入相对比例不升反降, 基础研究和战略性技术开发一度受到忽视和影响", "原创性自然科学基础研究和技术研究发展能力与水平下降"①。

另外, 在科学技术发展过程中, 不同国家、民族的利益在科技资源争夺中凸现, 需要为政治决策制定伦理原则。如发达国家有关人员侵犯不发达国家的有关人员的人权的现象说明, 在攫取科技资源时, 要遵循基本的人权原则。避免有些国家成为"头脑国家", 有些国家成为"身体国家"。正是由于人类的伦理和政治制度赶不上科学技术发展的脚步, 因此成为加强伦理道德建设的动力。

从法律调控机制来看, 科技立法是当前科技领域的热门现象, 通过法律法规遏制有违人的权利的科技行为, 对科学技术成果的滥用发挥了重要的威慑作用。例如, 在对待克隆技术的问题上就是如此。2004 年 8 月 11 日, 英国政府向纽卡斯尔大学颁发了世界第一份"克隆执照", 批准以医疗为目的进行克隆人类胚胎的研究, 对踟蹰不前的治疗性克隆研究给予了有力的支持。相反, 许多国家和社会组织也制定了限制克隆技术的若干条例。这是政府对生命伦理领域中激烈争论的两种声音的选择———一种是由于其解除了人类受到的疾病威胁的痛苦而支持克隆的声音, 一种是担心胚胎作为人的权利被侵犯和人的尊严受损害的危险而反对的声音。这是通过政策法律途径对基因技术道德目标的导向的强化。

117

---

① 张华夏, 张志林. 论新时代科学精神气质的坚持与扩展: 默顿规范的拓广研究. Zhong-Shan University Web. of http: //philosophy. sysu. edu. cn/

以上三种外部影响因素，都不同程度地发挥了科技管理作用，并影响科技管理的伦理调控。科技管理的伦理调控应整合这些方面的积极，避免消极影响，更好地发挥对科技管理系统的导向和规范功能。

4.2.3 科技管理伦理系统调控模型

在科技管理伦理系统中，科学技术的可持续发展以及科技管理系统的稳定运行，是科技管理伦理系统的目标。作为一个超复杂巨大系统，科技管理伦理系统处于非平衡的开放状态，其构成要素在科技管理伦理的整合机制下形成特定的运行秩序，系统的平衡状态我们称为科技可持续发展。由于科技管理伦理系统在其运行过程中，会受到来自内部和外部的扰动，可能会使系统偏离平衡状态，即偏离可持续发展的状态，这一机制我们称为系统的扰动机制。科技管理伦理系统作为一个自组织系统，具有排除干扰、恢复正常秩序的自修复能力，我们把它叫做科技管理伦理调控机制。科技管理伦理系统的整合机制和调控机制是同构的，与扰动机制相辅相成。通过对科技可持续发展的逻辑结构进行模拟分析，可以构建科技管理伦理调控的系统模型。科技管理的伦理调控机制的整体运行机制（如图 4-4 所示）。从这个控制系统的物理模型可以看到：

第一，伦理调控是开放的社会系统对科技管理的调控手段之一，它是通过以社会最大多数人的长远利益作为核心的社会道德规范的作用，以道德评价为反馈装置比较社会道德目标与科技管理成果之间的偏差，通过道德舆论、传统习俗和个人信念的调控来校正、引导科学技术发展方向的。同样，社会的经济、政治系统都有对科技管理的社会调控作用，只不过调控的标准和内容各不相同，并且这些系统之间存在着相互制约的关系。

第二，由于科技管理与社会大系统的复杂关系，科技管理的伦理调控分内部调控机制和外部调控机制。前者是指道德目标直接作用于科技管理活动的主体（包括管理者和被管理者）所发生的调控作用，

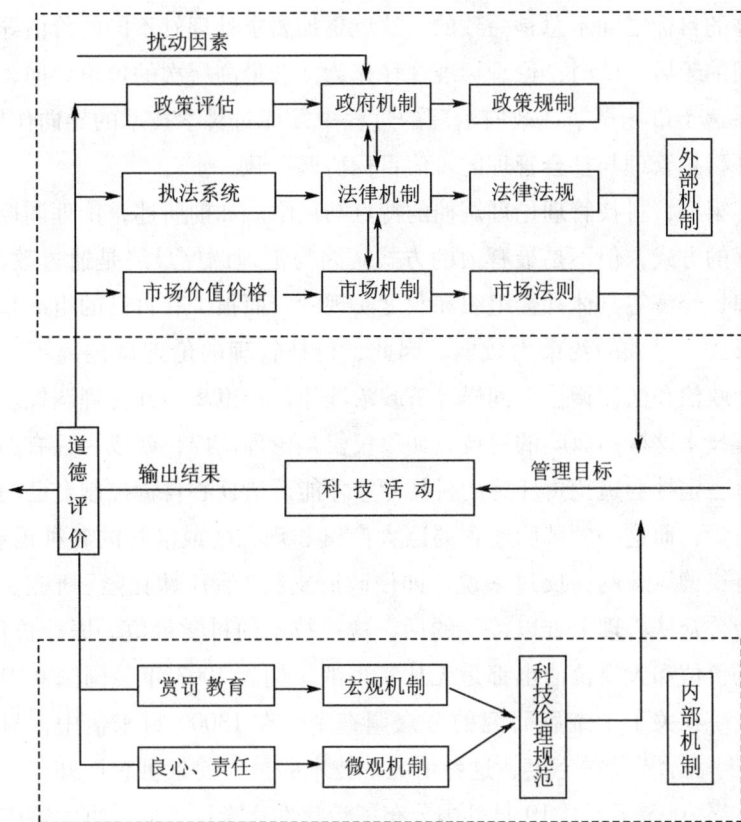

图 4 – 4　科技管理伦理调控机制

Chart 4 – 4　adjustment mechanism of MEST

这种调控还分为宏观调控机制和微观调控机制，所谓宏观调控是靠主体树立共同的道德价值观来引导人们的行为，靠舆论氛围和道德习惯来督促人们按照道德规范自觉约束自己的行为，不断提高道德认识。微观调控主要靠道德价值观的倡导和培育、管理者的身体力行来实现，即科技管理主客体的道德自律；后者是指道德目标诉诸于经济调节和政府调节等规章制度、政策法规等手段，发挥对道德调控的强化和保证作用，亦即用社会的经济和政治手段达到对科技管理的伦理调节功能。例如，运用经济利益机制或政策手段对科技管理中遵守或违背道德规范的行为进行赏罚，引导科技管理行为向有利于社会利益的方向发展。当然，在科技管理的社会调控过程中，经济的、政治的和道德的目标之间不总是一致的，这就更加要求处理好不同的价值导向之间的矛盾，此时，伦理标准往往作为社会最高层次的价值导向，通过渗透于市场调节或政府治理的过程中发挥对科学技术的导向作用，保证科技管理与社会管理的价值目标协调一致。

第三，科技管理伦理调控的特点与局限。如前所述，伦理调控是最好的方式，但不是最有力的方式。因为伦理调控最终是通过政治、法律、经济等具体社会组织和制度实现的，而很少有自己的组织和制度形式，对人的约束力较弱。因此，科技管理的伦理调控离不开经济、政治和法律调控，同样经济政治法律调控也离不开伦理调控。像克隆技术这样高风险的科技，如果仅仅是伦理调控，就成为只有那些具有一定社会道德责任感的科技专家才能诉诸良心自觉控制自己的研究行为，而这一领域所蕴含的巨大商机和现在的或潜在的各种诱惑，是有道德风险的。反过来说，即便政府支持"治疗性克隆"研究，而社会公众从心理上难以接受的话，这一技术的科学价值、医疗价值、市场价值和人道价值也都是无从实现的。例如2003年美国国立卫生研究院在关于干细胞研究的公众调查中，在13000封来信中，只有300封表示支持的态度，这种情况下技术的推广前景可想而知了。但是，当2005年5月19日韩国公布了治疗性克隆技术取得重大突破的消息之后，我国《东方时空》电视节目主持了对公众态度的调查，调查结果是有79%的人愿意使用干细胞治疗疾病，15%的人不愿意，只有6%的人表示说不清。而对这些态度的原因的调查表明，46%的人从费用出发，31%的人考虑伦理问题，9%的人考虑时间问题，14%的人考虑滥用的风险。可见，科技管理的经济、政治、道德控制是互相补充的，是多种调节机制在综合发挥作用。其中，经济调节是基础，道德调节是主导，政策法律调节是强有力的支撑，它们各自从不同的侧面，对科学技术发挥作用。有鉴于此，当前在对待类似干细胞研究这样的尖端技术方面，面对支持或反对的不同伦理观点之争，应通过科学家、政治决策者、伦理学家、法学家、公众和不同文化之间的对话、交流、合作，使科学技术与伦理道德之间的张力不断达到新的平衡。

4.3　国家及国际科技活动中的管理伦理调节

国家与国际科技活动中的管理伦理调节，主要指国家对作为综合国力标志的科技活动的管理，例如政府对国家范围内的科技活动所涉及到的利益关系和伦理关系的调节，国家在制定科技发展战略和科技政策制定时的伦理考量，以及全球化条件下由国际科技合作所形成的大科学计划之中的管理伦理调节。

4.3.1　国家范围内的科技管理伦理调节

科技管理作为公共管理的一部分，主要是指政府对国家范围内的科技活动的管理。政府科技管理中的伦理关系，主要是政府以国家利益（公共利益）为价值导向，依政策和法规对科技活动进行组织、计划与规范的过程中涉及到的与各种不同的利益主体之间的伦理关系。目前主要是国家科技管理与地方科技管理、政府科技管理与市场科技管理的利益主体之间的关系，而中央与地方之间的利益关系主要表现为政府与市场之间的关系及其伦理导向。

对科技活动的国家干预是近代科技发展的重要特征之一。当代德国著名哲学家、社会学家哈贝马斯（Jügen Habermas，1929 –　　）在20世纪60年代就明确指出："19世纪后25年以来，在最先进的资本主义国家中出现了两种引人瞩目的发展趋势：其一，强化了国家干预，这确保了制度的稳定；其二，推进科学研究与技术的相互依存，这使科学技术成了第一位的生产力。"①这里的"国家干预"就是政府利用权威对科技活动方向和过程所作的符合国家利益和公共利益的调整，是从抵御危害资本主义制度的无政府主义倾向中产生的，也是国家与

① ［德］哈贝马斯. 作为意识形态的技术与科学［J］. 走向一个合理的社会. 波士顿，
　　1970. 100

科技管理伦理调节系统与机制

121

政府作为政治主体维持社会秩序的管理伦理功能的体现。科学技术的政府管理伦理要素，主要体现为政府对科技活动的计划伦理之中，亦即体现在一系列科技政策和法规的价值导向和伦理规约方面。

政府对科技活动进行管理伦理调节的可能性和必要性，在于它能够弥补市场调节的缺陷。因为：(1)大科学发展的巨额财政投入，只有政治主体才能实现。现代科技活动规模巨大，如离子回旋加速器、旱田工程、海洋开发、极地考察、消除艾滋病等活动，即便有利可图，也是一般个人和企业难以承担的，只有借助政府的投入和支持，将其纳入国家发展计划与目标。科研经费的配置不可能仅靠"看不见的手"，而要靠政府的有效组织和调节；(2)市场主导的科技活动存在固有缺陷，需要政府恰当地介入。例如，市场机制讲究内部成本效益分析，追求利润最大化。但是，现代生活日益增多的公共物品及其相关的科学技术活动排斥这种局部的、个体的利益规律。道路、通讯、交通、医疗、军事等公共设施，不可能完全通过市场途径完成，无法保证投资主体的成本和利益回报。同时，市场运行本身需要政府的干预控制及国家法律的保护和规范，政府需要制定保证企业的科技投入、科技合同执行、专利和知识产权、反不正当竞争和技术监督等政令法规；(3)当代国际政治的需要。国家的军事防卫、维护国家尊严、提高国际竞争力、促进国民的健康和安全，保护自然环境必须靠政府对科技活动的干涉来实现；(4)科技负面效应的出现需要政府有效力量的控制。如伴随高科技发展出现的贫富分化、生态环境危机、灭绝人性的战争威胁等社会问题，只能靠政府法令、社会的政治压力加以限制。

由于实施科技政策的主要方式是对科技活动的规划和组织，而这种规划和组织是以确定科技发展战略及其目标为核心的。按照美国社会学家巴伯(Bernard Barber)的说法，进行科技计划的基本目标就是对科技活动进行控制，使科学技术有利的影响最大化，使其造成的损害最小①。因而，科技政府管理伦理实质上就是政府对科

---

① [美]巴伯. 科学与社会秩序[M]. 顾昕等译. 北京：生活·读书·新知三联书店，1991. 274

技发展战略的价值目标的选择及其实现途径的伦理规制。巴伯将其涵义归纳为四个方面：（1）当科技规划的目标完全由科学技术自身的内在规定性确定、并且尽最大可能设计方案以实现其目标时，此时的科技规划不存在价值冲突，科学家及行政管理者们都寄期望于科学知识的某种改进，如对癌症的攻克；（2）纯科学目标与应用科学目标的冲突。纯科学计划容易受到应用科学计划的冲击，因为从社会应用及政府管理效益的角度来看，应用科学似乎更有价值。因而，科技发展目标中要以某种切合实际的方式，使稀缺的社会资源在两种科学的目标选择和配置比例上进行选择；（3）对科技活动的目标和过程进行规划的合法性问题。例如布兰尼等人反对靠计划预测科学来分配资源，而贝尔纳认为某种程度的规划在科学研究中一直是内在的、固有的，但是大多数人还是认为对科技活动进行规划是有必要的，例如原苏联科学院主席瓦维洛夫（1887－1943）指出："对'不可预料的'科学成果和发现进行预见是不可能的，但是所有真正的科学必须包括很大比例的有根据的预期和先见之明。"[1]例如对原子核结构的知识的研究计划等；（4）对科技活动社会组织的适宜性的干涉，为了实现科技活动的国家发展战略和规划，必须依靠政府对科技社会组织及其形式的管理和控制。另外，科技负面社会效应扩大的趋势是难以避免的。例如 N. J. 维格和 M. E. 克莱福特认为：科技后果"可接受的社会风险'多少安全才够安全'的界定，本质上是一种政治问题。"[2]新基因科技也必须在它提出的道德、社会和政治问题的限制下适当发展。当前，世界各国的科技规划呈现日益强化的趋势，表明政府科技管理伦理日益加强的趋势。例如，各国纷纷出台新的科技规划中，突出国家目标和提高产业的国际竞争力，围绕国家目标确定优先发展领域，强调建设国家创新体系，形成国家整体优势等等。应当说，科技战略规划及其目标的确定，

① 徐治立. 论政府对科技活动干涉的作用与限度［J］. 科学学与科学技术管理，2004，11：90－93

② M. E. Kraft and N. J. Vig. Technology and Politics［M］. Durham and London. Duke University Press，1988. 308

科技管理伦理调节系统与机制

是国家意志在科技管理方面的集中体现，也是国家对科技活动进行干预最有效率的方式。对于提高国家整体竞争实力，解决市场机制难以企及的问题，控制科技负面社会效应等，都具有重要功能。

但是，政府对科技活动的管理伦理干预，也是有限度的。其局限性主要表现为以下几个方面：政府干预的程度问题——不能超越积极干预的应有空间，要掌握有限干预的程度，根据财政能力和科技主体的能力，有选择、有侧重、有限度地进行，以免适得其反，给科技活动带来危害；政府干预的形式问题——对科技组织的管理，不能采取单一的高度集权的直接管理模式，应根据效益原则和具体科技领域的特点采用灵活多样的方式进行管理，以免违背科技活动规律，扼杀各类科技主体的活力。例如，一些无需国家经费支持或市场竞争更有效率的科技活动，政府应采取以市场调节为主，从宏观上创立动力和约束机制的形式来调节，创建政策法规规范和社会激励机制等；政府干预的领域问题——政府对科技活动的介入领域，必须有明确的条件和限制。那些公共科技、国防科技、巨型科技等项目必须由国家政府介入，而其他研究项目可由市场及科技共同体自己主导，特别是对于科技活动的立项、评价、鉴定等，都应充分体现科技主体自身的自主权利和自由权利；计划本身固有的局限——计划的变化性和计划无法涵盖不确定性的问题。科技发展规划的制定是一个不断学习和完善的过程，因此，计划不是一成不变的，需要根据科技发展的实际情况不断进行调整，政府不能一劳永逸。另外计划本身无法消除科学技术所固有的不确定性，必须注意到由于经济成本的压力，因为计划往往倾向于向能够把握确定性的方向分配资源，而可能由于急功近利丧失了从长远来看有前景的科研项目和领域。

因此，政府科技管理伦理要处理好中央与地方的利益关系。国家科技发展战略要求各级政府、企业、社会都应加强对科技的支持和投入，将科技投入视为国家、企业未来的最重要的公共战略性投资。特别要使企业将科技创新作为发展的根本动力，从而使企业自觉成为技术创新和科技成果产业化的主体。但是，企业的区域创新环境对企业创新有很大影响，正如我国学者吴敬琏所说，推动产业革命的主要力量是有利于创新的制度安排，全方位、系统化的创新政策是促进技术创新的有力保障。在市场经济环境下，制定规划本身就是政府发挥宏观主导作用的体现。现实对具体的规划对象（项目），还要根据其性质，确定政府与市场作用的程度。对战略性、基础性、关键性的工作以及市场机制失效的领域，要以政府主导为主，但对其他的一般的科技领域，主要以市场的力量去推动。依靠自主力量开展科技创新的同时，在经济、科技全球化形势下，规划也要考虑如何利用加入 WTO 的条件，充分利用外部资源，助我发展。

对于当前科学技术特别是高技术交叉融合的发展趋势，政府要加强探索跨领域、跨学科的管理伦理机制。要从国家层面有效整合社会资源、集中人才、设备和资金。根据我国资源有限、人才不足、基础设施不足、产学研结合不紧等国情，都要求公共技术平台的建立，以创造融合性的技术领域快速发展的良好环境。特别要集中力量建立装备一流的研究开发平台、科研人员创新基地、多学科和技术交叉的集聚地，以及产学研的交汇地等，如国家纳米科技中心、生物信息中心等，处理好竞争与合作辩证关系。探索新的科技计划管理运行机制。由于不同技术领域有其特殊的发展特点，当前的科技计划管理大多采用项目形式开展，运作过程中存在着许多问题，因此，可以针对不同技术领域的发展特点，对诸如其运作等其他机制进行探索。另外，科技计划中存在"公平"与"效率"的矛盾，当前高技术发展交叉融合的范围大、速度快，所以，对"效率"的要求更高，这就要求探索在效率中体现"公平"的有效的运作模式。①

4.3.2　中国科技管理伦理战略

中国作为发展中国家，未来的科技发展将处于一个"一超多强"格局下长期和相对稳定的国际环境中。在以信息技术为代表的高技术产业推动下，世界经济仍将保持中速的增长。与此同时，世界经济资

125

---

① 王夏．当代高技术发展的交叉融合趋势[J]．新华文摘，2004，4：113－115

源配置将加速变化，基于知识和技术的国际竞争会进一步激烈。这既为我国的科技发展带来了巨大的机遇，也提出了严峻的挑战。机遇表现为：（1）经济全球化的不断深化加快了国家间技术转移速度，有助于国外技术知识向国内的流动；（2）世界技术－经济范式的变迁和更迭，创造出新的技术发展机会和技术替代的可能性，为像中国这样的后发现代化国家提供了实现技术跨越和强国崛起的重要机会；（3）国际科技合作的快速发展，为中国利用全球知识储备创造了良好的条件；（4）当代科技发展的复杂化、融合交叉、指数增长等趋势，以及人类在飞速发展的科学技术面前所面临的问题，从温室效应到臭氧层破坏和资源越来越具有的综合性和全球性，已经超出了自然科技的能力，必须综合地运用包括自然科学和社会科学等各种知识加以解决，全球合作成为必要的选择。与这些趋势相适应，中国社会主义市场经济的不断完善和经济的持续、高速增长，中国较为完整的制造业基础和科学技术体系，"集中力量办大事"的制度优势和丰富的人力资源，以及丰厚的传统科技资源和经验性知识等，为我国抓住这些重大机遇创造了条件。但是，中国也面临着严峻挑战：目前中国的科技发展水平与发达国家包括新兴工业化国家之间的差距还很大；受与贸易相关的知识产权条约 TRIPS 约束，使中国在难以利用反向工程等传统方式获得国外知识，中国产业发展面临着前所未有的专利保护和技术性贸易措施等壁垒；跨国公司对知识产权的垄断，提高了技术转移和学习成本，过度对外技术依赖会削弱中国产业的国际竞争能力。科技创新能力和科技供给能力不足已成为新世纪中国经济持续发展、保障国家安全和可持续发展的最重要的瓶颈性约束。

从国内来看，到2020年，我国人均 GDP 将从现在的1000美元上升到3000美元左右，经济增长总量达到近5万亿美元，这一时期将是经济结构、城市化水平、社会结构和消费结构变化最为活跃的阶段，也对中国科技发展提出了重大的任务。目前我国科技发展的主要问题是：（1）体制障碍造成国家科学技术动员能力有所削弱。部门之间、地方之间、军民之间、产学研之间缺乏有效的协调和合作。在社会主义市场经济体制不断建立和完善的过程中，我国在宏观管理体制上尚未形成与之相适应的新的决策体制和组织机制，体制分割已经严重的影响到国家统一意志的达成和重大科技创新活动的有效组织；（2）未能形成与国民经济发展同步增长的科技投入机制，与《科学技术进步法》的要求相比，我国科技投入仍然存在较大差距，而且已经连续多年出现国家财政支出比重下滑的情况；（3）社会公益型科研事业发展严重滞后。我国对卫生与健康、资源与环境、农业与军事等社会公益性科研事业的投入长期不足，而且低于一些发展中国家的水平；（4）企业技术创新能力较低。尽管近几年我国企业 R&D 投入迅速增长，已占全社会的 60% 以上，但投入的分布极不均衡，作为我国产业主体的大中型企业中 69% 的企业没有自主的研究开发活动，67% 的企业没有新产品开发。同时在高技术产业中，我国企业的投入强度也普遍较低；（5）缺乏有效的科技积累与科技资源共享机制。目前的科技管理体制存在着重项目、轻基地和机构的能力建设，重物不重人、重新课题却忽视知识积累等现象。另外，学术界内部未能形成良好的交流与合作机制，存在着一定程度的学术封锁，分散在各个科研院所的科技资源难以实现有效共享，造成巨大的人力和财力浪费①。

上述世情国情对我国未来科技发展战略的伦理选择提出了要求。我国的科技发展战略是为实现小康社会的目标，为经济社会全面协调可持续发展提供强有力的支撑，充分发挥了科学技术在我国经济社会发展中的引领作用。我国科技管理应对国际科技竞争的主要对策是：（1）要确立正确的科技价值观和科技发展观。就是要在科学发展观指导下树立"爱国奉献，创新为民"的科技价值观，还要树立"以人为本，创新跨越，竞争合作，持续发展"的新的科技发展观。这是我国科技宏观管理的伦理价值导向。其中强调了科技创新以人为本，依靠人才，为了人民，促进人的全面发展的价值目标，同时也指出了树立创新跨越的信心和勇气，通过提高我国的原始科技创新能力，为全面建设小康社会、实现社会的全面协调可持续发展做出重大贡献的社会价值目标，

127

① 绮思．关于我国未来科学和技术发展战略若干问题的思考［J］．新华文摘，2004，4：110 －111

还指出了通过建立科技管理创新体制、加强创新文化建设、提高资源的优化配置和创新效益以保障科学技术可持续发展的科技管理价值目标;(2)编制与实施国家中长期的发展规划,使我国的科学技术真正走在世界的前面。编制规划要以全面建设小康社会、实现经济社会全面可持续发展为主线,从总体上部署我国科学技术发展的重点,筹划我国科学技术总体布局和体制机制改革;要立足我国国情,坚持有所为,有所不为,站在事关我国现代化全局的战略高度,紧紧抓住事关我国经济社会全面协调发展的重大公益性科技创新,紧紧抓住世界科学技术发展的重大基础与前沿问题,力争重大突破,加强制度创新,充分运用市场竞争与合作机制提高科技创新的效率和效益;(3)推进国家创新体系建设,提高科技创新能力,促进产业竞争力的全面提升。2004年12月29日,胡锦涛总书记在视察中科院时指出:科技创新能力是一个国家科技事业发展的决定性因素,是国家竞争力的核心,是强国富民的重要基础,是国家安全的重要保证。要坚持把推动科技自主创新摆在全部科技工作的突出位置,坚持把提高科技自主创新能力作为推动结构调整和提高国家竞争力的中心环节。过去由于我国科研人员跟踪仿制多、企业引进技术多,加之科技界不断弥漫的浮躁风气,使人们对我国的自主创新竞争力信心不足,我国科技体制和管理中确实存在不少薄弱环节和弊端,如政府、科研单位、大学和企业在科学技术发展链上的缺位、错位与越位,骨干科研人员消耗过多精力去争取经费;科技界过分强调竞争而忽视合作等等,都应发挥政府的主导作用,国家研究机构的骨干作用,市场的基础作用和企业技术创新的主体作用,加快推进建设和完善国家创新体系,尽快改变这些不利于自主创新的大环境①。具体的科技管理措施是以提高国家创新体系单元和系统的创新能力为核心,制定正确的发展战略,构建政策与制度规范,创造公平竞争环境,建立科学高效的宏观决策和调控机制,完善科技评价制度和资源配置制度,提高创新能力和创新效益;(4)加强科技队伍建设,充分发挥科技人员的创造性,造就一批德才兼备、具有战略眼光

---

① 李国杰.自主创新能力:国家竞争力的中心环节[N].光明日报,2005,2,24

与合作组织才能的战略专家和领衔科学家与工程师，建设一批善于共建、能够解决国家重大战略问题的创新团队以及适合我国科技发展的人才结构、人才环境、人才价值观等。通过提高自主创新能力来增强国家竞争力的重任已经责无旁贷地落在当代科技人员肩上，特别是落在起骨干作用的国家科研机构中的科研人员的肩上；(5)加强科学道德与学风建设。倡导解放思想、求实务真、科学严谨、协作创新、诚实守信、自主创新等学风和工作作风，肩负起向全社会传播科学知识、科学方法和科学精神的责任。创设科学与公众交流互动、参与监督、理解支持的社会局面，使科学技术成为全社会和全体公民的共同事业。

4.3.3 国际科技活动的管理伦理调节

对全球利益与国家利益之间的科技管理伦理调节，实质上是保护人类赖以生存的生态环境与各国的现代化发展之间的矛盾问题。纵观几百年来科技发展历程，人们看到了科技成果的应用，对人类赖以生存的自然环境带来了不可逆转的影响。正如中国古代荀子所言："用之以治则吉"、"用之以乱则凶"，这里的"治"、"乱"、这里的"吉"、"凶"，就是判断和调整科学技术活动的善恶标准和价值观，体现了科学技术的双重社会效应以及科技管理伦理调节的重要性。20 世纪末以来，世界六个大国的科学技术发展政策，可以让我们看到全球化的科技管理伦理调节的必要性(如表 4 - 2 所示①)。

表 4 - 2　六个国家科技发展战略和规划

Table 4 - 2　Sci - tech development strategies and programsin six countries

国家	美国	日本	欧盟	俄罗斯	韩国	印度
科技目标	全面领先超级大国	科学技术创新立国	促进合作提高产出	重振科技大国雄风	亚太地区科研中心	实现科技大国梦想

① 路甬祥. 世界科技发展的新趋势与中国的对策[J]. 新华文摘，2005，1：135 - 136

科技管理伦理导论

国家	美国	日本	欧盟	俄罗斯	韩国	印度
科技政策	加大科技投入，出台科技计划①国际空间站计划②网络信息计划③人类基因组和植物基因组计划④气候变化技术计划⑤纳米技术计划⑥能源计划⑦纳米、生物、信息与认知科学融合计划⑧国防安全科技计划⑨民用工业技术创新等重大计划	加大科技投入，加快体制改革，力争由技术追赶型变为科技领先国家①2001年设立国家综合科学技术会议②改革科研机构的组织体制，实行民营化管理③启动科学技术基本计划④强化竞争机制，培育和吸引人才⑤科技基础设施建设	力图成为世界上最有竞争力的知识经济组织，2001年启动第六框架研究计划，整合欧洲的研究力量，无定额①信息科技②纳米科技③航空航天科技④食品安全科技⑤资源环境科技为优先领域⑥支持跨地区、跨领域的研发活动和人才流动，特别是联合企业的研发活动，建设欧洲研究区	2002年制定2010年及未来科技发展基本政策①确定基础研究与最重要的应用研究与开发为政策支持首位②加大科技投入，建设国家创新体系③提高科研成果转化率④创新人才队伍建设⑤支持科学与教育结合⑥支持先进制造业⑥信息科技⑦航空航天科技发展	①1997年制定科学技术革新五年计划①2002年政府对科研投入占预算5%以上②1998年发布2025年科技长期发展计划：2005年达世界第12位，2015年达第10位，2025年第7位③开发战略变跟踪模仿为创造型、研发体制变分散型为综合协调型、科研开发变强调投入和拓展领域为提高质量和成果转化、开发体制变资助型为产学研均衡型	①大力发展高等教育，至1990年科技人员数量位居世界第三，仅次于美、俄②生物科技、信息科技位居发展中国家前沿，空间、核技术有进展③2001年制定新的科技政策实施战略，以转变基础研究和民用技术落后状态④大力支持空间技术、核技术、信息、生物、海洋科技发展
科技投入	2004年有关国家安全和国防投入1227亿美元	2001年计划未来5年增至2400亿美元	2010年平均科技经费总额从目前的占GDP1.7%提高到3%		每年以10%速度增加	2001年计划未来五年科技投入翻一番
科技重点	航空航天、信息科技、生命科学与生物技术、纳米科技、能源科技、环境科技	生命科学、信息通信、环境科学、纳米材料、能源、制造技术，以宇宙、海洋为主的前沿领域	信息科技、纳米科技、航空航天、食品安全、能源环境	基础研究、最重要的应用研究与开发，先进制造业，信息科技，航空航天	信息科技、生物科技、纳米科技、环境科技	空间技术、核技术、信息、生物科技、海洋科技

130

　　第一，国际科技管理伦理调解是科技发展在国家发展中的重要地位决定的。各国计划发展的重点科技项目都是全球性的、关系到人类命运的共同空间、海洋、能源、环境、信息、纳米、生物等领域。这些领域一方面向自然的广度开拓(宏观),另一方面向自然的深层掘进(微观),将从根本上影响人类的未来,使维护人类利益的整体性与实现国家计划的局部性利益矛盾更加突出。例如,航空航天科技能力的发展使国家之间的利益之争从地球上的国土延伸到太空中的星球,生物基因工程既给人类带来了治疗疑难顽症的希望,也引发了人类对自然生命的权利的伦理争论,在是否允许克隆人的问题上,联合国的政治宣言也无法统一各个国家的意志和倾向;信息高速公路带来的国家安全问题、纳米技术在医学领域中的应用引发的医疗风险问题等等,都使世界各国更加关注科技发展给全人类利益带来的影响。

第二,国际科技管理伦理是调节各个国家科技活动后果带来的全球利益冲突的需要。从各国的科技发展目标和科技投入的力度来看,科学技术已经成为国家竞争力的核心,21世纪以来各国投入都有很大的增长,国家间的科技竞争态势更加激烈。如何协调各国经济增长和人类长远利益之间的关系,创设和平安全的国际竞争环境,在人类共同利益的基础上寻求合作,成为实现各国科技发展的前提条件。例如,全球化带来的生产要素在全球范围内的重新配置,国际分工和生产力布局发生全球性大转移,一些发达国家集中了许多符合环保要求的高附加值的新兴产业,而将其工业制造业、资源密集型产业和高污染产业向发展中国家转移,使其饱受环境污染和生态恶化之苦。因此,一些经济发达国家的发展政策,往往牺牲发展中国家的利益,他们利用高技术对全球资源掠夺性的开发,导致人类赖以生存和发展的资源急剧减少,而发展中国家却成了环境代价的主要承受者。尽管一些国家注意到发展环境科技以减少局部科技发展产生的全球性的负面效果,但是缺乏宏观的科技管理伦理调控机制以及操作力度。例如,目前全球已有141个国家和地区签署了旨在遏制全球气候变暖的《京都议定书》,其中包括30个工业化国家。但是,作为发起人之一的美国后来却宣布退出,理由是议定书对美国经济发展带来过重负担,美国政府甚至还对二氧化碳等气体的温室效应提出质疑。全球各地的环保主义者,在庆祝《京都议定书》生效的同时提出抗议,不少地方的抗议者都将矛头指向温室气体排放量占全球总排放量四分之一的美国。

第三，国际科技管理伦理调节是当代大科学和工程计划顺利实施的保证。越来越多的具有投资规模巨大、跨国合作范围广泛的大科学计划的实施，要求加强国家之间的科技管理伦理调节。如人类基因组计划，全世界的科学家有计划、有组织、有协作、相对分散地开展研究，要想取得预期的研究成果，必须克服民族文化传统中的偏见，从全人类的事业超越国家之间的利益出发，在管理伦理调节中制定互相尊重、科研民主、成果共享的准则。可见，加强全球范围内的科技管理伦理调控，制定相应的平衡发达国家与发展中国家利益的管理伦理政策和法规，对于解决这些关系到全球利益的科学技术问题将具有更深远、更现实的意义。

第四，国际科技管理伦理调节需要加强相应的组织、规范和制度建设。在科技全球化的时代，科技管理伦理人与自然及与社会关系的调整中发挥重要的作用。首先要解决好国家利益与人类利益共同性、一致性的问题。随着科学技术给人类生存带来的危机加重，人们在一些方面已经达成了共识，从实践上也采取了一定措施，如加强国际沟通，提高各国家人民的维护人类健康生存空间与环境意识，合作协商，相互监督等等。在对待环境污染等方面，采取了一系列国际合作的措施。联合国《保护地球——可持续生存的战略》文告中特别提出思想"优先行动计划"，包括制定世界可持续生存的道德准则，在国家一级宣传可持续生存的道德准则，通过各部门的行动实施可持续生存的世界道德准则，建立一个世界性组织以监督实施可持续生存的世界道德准则。① 国际科技管理伦理调控就是要在全球与国家层面上，形成一个以政府为主导，社会各界共同参与，以可持续生存和可持续发展为共识，以科学技术为支撑，以社会公正和制度为保障，以法律和舆论为制约，以节制人类自身的欲望为关键，以自觉和谐为伦理追求，从社会批判

---

① 世界自然保护同盟. 保护地球：可持续生存战略[M]. 北京：中国环境科学出版社，1992.6 – 9

向社会参与，从分散行动向全球治理，从异化消费向绿色消费，从单项功利向多元互利，进而实现工业文明向生态文明的转型。

4.4 研究开发组织活动中的管理伦理调节

纵观科技管理伦理主要是对科技活动中组织之间及相关利益者之间矛盾的协调和规范。目前我国的科技组织主要包括工商企业和非盈利性机构管理，非盈利性机构主要包括高校和其他事业性科研组织等。科技组织管理的伦理调控主要表现在为组织制定科技管理伦理规则和制度方面。

4.4.1 营利型组织的科技管理伦理调节

企业的科技伦理管理主要表现为对企业经济效益与社会利益及其他利益相关者之间的利益矛盾的伦理调节。企业作为科技创新的主体地位，已经被全社会所广泛认可。近一二十年来，我国企业创新能力有显著增强，在各行各业中都出现了一批国内外的知名企业，有些企业还跨入了世界 500 强的行列。但另一方面的数据显示，我国的科技创新能力总体上还十分薄弱，在我国的大企业中仍有 30% 为建立自己的研发机构，对于引进技术，我国企业的"内生技术能力"还不强。这一问题存在的原因果然有体制、机制方面的原因，但主要的还是企业追求"短期利益最大化"的结果。解决这一问题的一个伦理文化调控途径就是树立民族自信心。以韩国汽车工业为例，在"追赶型"的科技增长模式下，当韩国汽车业大力实行科技攻关的时候，韩国的民众对民族汽车产品给予了大力支持。韩国汽车工业的崛起，韩国政府的政策治理，民众鼎力支持是坚强的后盾。相比之下，我国缺乏对企业科技创新的有利政策支持，也缺乏对于民族品牌的大力宣传，使得社会上对自有品牌缺乏自信心，在某些有能力与国外品牌进行竞争的行业、领域也没有完全占有市场主动。我国民族企业应当苦练内功，在加强科技创新的同时，强化服务意识，在全社会营造创新的文化氛围，赢得消费者的支持。

　　企业管理中的绿色营销理念对于科技管理伦理有启发意义。所谓绿色营销是以绿色消费为导向，在经营中将企业经济利益、消费者需求和环境利益相结合，满足市场的绿色需求并产生绿色效益的一种整体经营过程。它是在市场营销基础上发展起来的一种新的营销理念，是企业营销步入了集企业责任与社会责任为一体的理性化发展阶段，其实质是企业的伦理营销。与绿色营销一样，企业科技管理伦理也使企业在科技管理活动中，以伦理价值观念为导向，注重社会责任和社会道德，提倡既要满足当代人的需要又避免对后代人的发展造成危害，促进企业绿色科技管理。绿色科技管理是指以人与自然、人与社会、人与自身之间和谐发展、全面协调的科技管理理念。例如，企业不应单纯地把科技产品的生产者和消费者看成是实现利润的手段和工具，消极地满足他们的需求，而是要积极主动地引导他们努力创造、合理消费，既满足他们对科技产品的需要又满足了他们享受科技产品的精神需要，同时也降低了资源的消费程度。以对企业的生态工程和基因工程等新型技术的发明和产业化过程管理而言，就是要使企业在确定生产技术、生产材料和能源以及促进科技成果社会化的过程中，能够做出有利于保护环境和生态平衡、促进社会协调发展和人的全面发展，在不损害可持续发展条件下获得经济效益的管理伦理选择。进行绿色科技管理要求：（1）树立绿色理念。绿色科技管理是将环保意识、社会责任观念和人的全面发展目标融入企业科技管理的方式，其目的是将上述伦理观念渗透到企业科技管理的方方面面。实施绿色科技管理，一方面要建立企业伦理管理新体系，将强制性管理变成自觉管理，另一方面要加强全员管理伦理教育，提高员工的绿色科技意识；（2）收集绿色科技信息，制定绿色科技开发及成果转化计划；（3）开发绿色科技产品，提高消费者对绿色科技产品的整体消费水平；（4）开展绿色促销活动，引导绿色消费。包括消费方式方法等手段的伦理化和消费产品的质量的伦理保证等①。

　　从企业外部关系来看，关于技术创新动力的"需求拉动"理论认

---

① 赵玉春. 确立绿色消费新理念［N］. 光明日报，2005，2.24

为，利润的吸引力和市场的鞭策力是企业技术进步的最根本的动力源泉，而我国企业过去技术进步缓慢的主要原因正是诱因的产生渠道大部分被阻塞。由于知识与技术具有准公共产品的特性，所以 R&D 溢出也是影响创新动力的重要因素。当溢出效益较低(或为 0)时，竞争性的企业比合作性的企业在 R&D 上的投资更多；反之，溢出效益较高(或完全溢出)时，合作型的企业会在 R&D 上投入更多。因此，只有确保开发收益大于开发成本，开发者的积极性和创造性才能最大限度地发挥。另外，创新活动中个人收益与社会收益的巨大差距，也降低了个人的积极性，倘若产权未能得到界定和保护，则创新的积极性只能依赖于一点零星的自发性。由于知识虽然是公共产品，但不是免费产品，知识具有重要经济属性，它可以带来收益，也需要付出成本，应该得到报偿。严格的知识产权制度虽然从全人类的福利的角度来看，是低效率的，但有利于促进知识的生产和规范的传播。此外发挥人力资本的作用，塑造区域创新环境等都离不开有效的制度激励。

4.4.2 非营利型组织的科技管理伦理调节

高校是非营利型科技组织的典型代表，其科研管理中的伦理问题主要是科研体制的创新导向与功利导向的矛盾调节问题。目前，交叉融合已经成为现代科技发展的大趋势，主要表现为多学科交叉、文理渗透、科学与技术一体化，反映在重大科技前沿突破成果大多数发生在交叉融合领域。但是，目前高等学校的现行科研体制却不鼓励多学科交叉融合，导致跨学科研究运作起来很难。原因是在很多专业化领域，学者们开展工作，是期望自己成为某一领域的专家，而不是杂家。当前在高校科研中普遍存在小型、封闭、分散的问题，成为阻碍交叉融合的因素。小型是指科研组织形式基本沿袭 19 世纪洪堡大学和后来美国霍普金斯大学成立研究生院的模式：一个教授＋几个研究生。此模式在自由探索的基础研究中仍发挥着重要作用，但其研究组体量小，与承担国家重大项目和集体攻关的要求不相适应；封闭是指科研群体中存在文人相轻，同行封闭，学院封闭，学科封闭，院、系、教研室相互封闭的现象；分散是指孤立分散的研究方式，难以实现资源共享，科学研究低水平重复，带来的后果是不能形成大团队、不能承担大课题、不能解决大问题、不能做出大成果、不能实现大发展，人才培养也停留在知识结构单一、专业过窄、以技能训练为主的阶段。产生上述障碍的主要原因有：（1）体制束缚。资源分配主要以现有的相对固化的成熟学科、专业为根据，人员编制隶属于单一学科基础上的院、系，考核评价以传统学科标准为体系，本专业同行评议为主，这些都是制约和束缚着学科交叉融合的深入推进；（2）科学家本身素质缺陷。由于受传统单一学科培养模式的局限，知识面宽又懂得其他学科"语言"的科学家少，从而使不同学科之间的沟通存在困难。囿于门户之见、学科壁垒，使一些科学家很难做到真正意义上的合作交流，寻找共同兴奋点、切入点的能力和意愿不够强，习惯于做关门研究的"小而全"模式，超越本学科进行跨学科战略思维的科学家少；（3）管理层面的问题。一些学校管理层缺乏战略思维，认识不到位，政策支持不到位，措施落实不到位。上述因素导致处于学科交叉地带的新思想、新知识不易被认可，队伍组织难以获得支持、成长、壮大，困难多，即使不少学校成立了"交叉学科中心"，也由于上述原因多以虚拟为主，易流于形式。其实，大学推进学科交叉融合具有明显的优势。因为大学有天然的人才流动机制，硕士3年，博士5-7年，年年进年年出，大学科研就像是河流，流动越快，人才和思想累积越雄厚。大学的这种天然学科优势，大学培养人才、培育成果的无穷无尽的需求，都是科研院所和企业的软肋①。

但是，经调查发现，目前影响高校教师科研工作的主要因素是职称、年龄、学历。高校作为具有科研性质的正式组织，其管理变革和创新要遵循现有的组织和行为规律，使成员步调一致地按组织的要求行动，实现组织的目标。高校教师的行为选择是其个体需要与职业角色规定相结合的产物，其主导需要具有高层次和精神性特征，对于这

---

① 仇方迎，郑若冰. 学科交叉融合：要说突破不容易[J]. 新华文摘，2005，1：137-139

一类特殊的工作者，不能用单纯的物质化管理手段去应对其复杂的思维性劳动。因此，应不断提高教师的工作情境与其个人工作价值观、个体特征的契合度，从而充分利用工作价值观的激励作用。如加强教育、科学引导，提高其价值认同感和优化工作价值观。重视差异，有效弥补，多为他们创造实现个人价值的机会，缩小由个体因素造成的绩效差异。全面评价、合理选才，不能单纯考虑绩效的因素，而应考虑工作价值观、工作态度以及绩效方面的综合因素，使骨干教师队伍始终由身心健康、向心力强、才华出众的优秀成员组成，让这样一些榜样在高校各方面工作中起到良好的价值导向作用①。

科研院所等科研单位是国家科技创新的骨干单位，承担大量基础性研究工作。我国科研机构普遍实行院（所）长负责制、专业职务聘任制等内部管理制度，有效地激发了广大科技人员的创新精神和工作积极性。但是，科研机构仍然不同程度存在着用人机制不灵活，分配制度不适应科技工作新形势等问题。为此，国家相关部门出台了一系列针对性较强的政策，不同程度地推进了科技人才管理工作。但是，目前还存在着科技人才总量相对偏低（2001 年我国每万名劳动力从事 R&D 活动的科学家和工程师只有 10.2 人，而美国 1997 年为 81 人，日本 1999 年为 97 人），创新能力不强（2002 年我国 SCI 论文数量的增长率为 14.2%，论文篇数居世界第 6 位，但单篇论文被引用次数仍低于世界平均水平）等问题②。由于基础研究具有积累的规律，一般的积累周期为 10 - 20 年左右，因此，在基础研究的科技管理中要避免急功近利、"立竿见影"的心态。否则，不仅难以正确评价基础研究的绩效，还将导致浮躁情绪、泡沫科学等问题，恶化学术风气和基础研究的工作环境。因此，在制定未来研究的长期科技规划中，应切实加强对基础研究重要意义和客观发展规律的分析和了解，形成广泛的社会共识。认真研究发达国家长期形成的行之有效的基础研究的

① 胡坚，莫燕．高校教师工作价值观与任务绩效关系的实证分析[J]．科学学与科学技术管理，2004，12：114－117

② 娄伟．中国科技人才培养政策分析[J]．科学学与科学技术管理，2004，12：109－113

管理模式，鼓励科学家发扬敢于"标新立异"、"敢为天下先"的首创精神和"十年磨一剑"的甘于寂寞、淡泊名利的奉献精神，在宽松、稳定的科研环境中，创造我国基础研究事业的辉煌。

4.4.3　科技共同体的道德规范

现代科学技术作为一种生产方式、生活方式和文化传统已经深深嵌入社会生活的各个方面。原有的相对单纯的、由科学家组成的科学共同体日益扩大、发展为由科学家、工程师和企业家构成的科学技术共同体(简称科技共同体)。其内外部道德与利益的关系以及处理这些关系的伦理要求较之以往更为复杂，因而，成为科技管理伦理的一个重要领域。

首先，保证科学知识的真理性问题。科学的知识体系作为科学的核心内容，要求科学家执著地追求和认识真理，保证对自然界和客观规律的认识的真理性。但是，由于种种原因，科技共同体内部的科研不端行为时有发生，如实验数据造假、科研成果剽窃等等。在小科学时代，科学共同体通过制定协调内部关系的道德规范，建立纠错机制，发挥保证科学知识客观性、真理性的作用。默顿曾经提出科学共同体的四个行为准则，普遍性、公有性、无私利性和有条理的怀疑精神来约束科学家的行为。随着大科学时代的到来，科技共同体中社会影响因素的增加，科技共同体内外部的道德关系更加复杂，调节这些关系的社会机制和道德规范也相应地需要扩展。我国学者刘大椿提出，要在默顿四原则的基础上增加诚实性规范和竞争性规范[①]，张华夏教授在"论新时代科学精神与社会规范的扩展——默顿规范的拓展性研究"一文中，指出了默顿四规范的时代局限性，他提出对将默顿规范进行三大拓展：风险创新精神、竞争性合作精神和肩负社会责任的精神。总之，随着科学技术的社会地位的提高和社会作用的增强，

---

① 刘大椿等. 在真与善之间：科技时代的伦理问题与道德抉择[M]. 北京：中国社会科学出版社，2000. 53

科技共同体与社会的联系更加深入、广泛、紧密，科技工作者就担负了更多的社会责任。各个国家都加强了对科技共同体的伦理约束。例如，为防止科研越轨行为，美国公共卫生局成立了研究廉政办公室，美国国家科学基金会组建了一个科学侦探室，美国国会还专门成立了由12人组成的"研究廉政委员会"，成为防范科研中越轨行为的联邦机构，在科技共同体管理伦理方面发挥了重要作用。

第二，知识产权问题。知识产权是当前广泛使用的一个法律概念，它是市场经济和现代科技发展的必然产物。知识产权所保护的对象是人们智力活动创造的成果，其保护方式是侵权行为的诉讼。在当前社会上普遍存在的科研成果流失、技术被盗、著作权被侵犯现象，把保护知识产权问题提上了科技工作者的日程。应当说，这也是对科技发现优先权认定的道德规范的一种社会保障机制。17世纪，雏形时期的科学共同体就形成了与公开发表科研成果相联系的科研优先权制度。当时的科学家如伽利略、惠更斯（Christian Huygens，1629－1695）和牛顿等，为了确保发明创造的优先权，采用构造字谜的形式来描述它们的发现。牛顿将力学定律"质量乘以加速度等于力"写成一个字谜"一个远处的、易答的问题惊吓了一个沉默的人"。如果后来有人提出了同样的发现，可以通过公布谜底建立优先权。后来为了让科学家们的发现公开化，以确保他们的荣誉，伦敦皇家学会的秘书亨利·奥尔登伯格（Henry Oldenburg）1665年前后设计了这个办法：通过保证该学会的哲学会报上迅速发表结果来保证科学家的优先权。这个办法既保证了科学研究成果的公开交流，又保证科学家得到了优先权的荣誉，获得了科学家们的赞同①。默顿指出："当科学体制卓有成效时，承认和尊敬就会给予那些最出色地完成了自己任务的人们以及那些为公共知识积累做出了真正开创性工作的人，这样就会出现个人利益和道德相重合和融合的幸福情景。"②他在这里指明了个人利

① ［美］弗兰克·普雷斯. 论做一名科学家. 郭传杰，李士主编. 维护科学尊严［A］. 长沙：湖南教育出版社，1996. 226
② 樊洪业. 科学道德规范的古往今来. 郭传杰，李士主编. 维护科学尊严［A］. 长沙：湖南教育出版社，1996. 211

益、科学道德与科学体制之间的内在统一关系。科学史上淡泊名利、谦让恭谨的科学家的确不乏其人，达尔文（Charles Darwin，1809 - 1882）与华莱士（Alfred Russel Wallace，1823 - 1913）在生物进化论优先权问题上的姿态留给后人一段佳话，也昭示了科学家的高尚道德品质。但是，任何竞争都有失意者。爱因斯坦不无遗憾地说：科学技术优先权的恶意竞争"毁灭了人类友爱和合作的一切感情，把成就看作不是来自对生产性和思想性工作的热爱，而是来自个人的野心和对被排挤的畏惧。"①例如，像牛顿和莱布尼兹（Gottfriend Wilhelm Leibniz，1646 - 1716）对微积分发明权的争夺、世界上第一台计算机设计人员对计算机发明权的争夺，都在科技史上同样留下了这种道德上的遗憾。总体而言，这种通过成果公开与优先权承认联系在一起的科学荣誉分配制度，极大地促进了科学的交流和发展。随着科学 - 技术 - 生产一体化的时代到来，这种制度受到了严峻的挑战。一些科技成果具有巨大的潜在的经济效益，形成了科技共同体内部成果优先权的激烈竞争，专利申请制度作为对科研成果公开的回报，提供了对这项科研成果的商业前景的保护。就是说在做可申请专利的研究的科学家有义务为自己和雇主保护知识产权，这种知识产权保护制度作为一种公开评价和筛选科技成果的社会过程，应当说是利大于弊的。应当从道德上予以肯定。树立知识产权意识，就是要在科技共同体内倡导尊重知识产权，保护知识产权的意识和法制观念。破除传统观念中，对正当竞争和应有的荣誉观的否定性观点和一概排斥的态度，以及贬低人的物质需求、用精神鼓励代替物质鼓励的倾向，形成尊重知识、尊重人才、鼓励创新、参与竞争的良好风气。树立知识产权意识，还要从根本上认识在知识经济时代，保护知识产权对科技创新的推动作用。同时，也要看到，知识产权观念的确立，从一定程度上产生了抑制科学研究领域中的公开与合作，促进保密和竞争的结果，有可能阻滞科学技术的进步。例如，很多人反对基因研究申请专利，认为它导致很多公司垄断基因技术市场，阻碍基因研究分享前人的研究成果。因此，

---

① 爱因斯坦. 爱因斯坦文集（3）［M］. 北京：商务印书馆，1979. 255

这是个涉及科技共同体两难的道德选择的问题，需要将长远利益与眼前利益结合起来，不断加强建设，才能收到较好的效果。

第三，学术民主与学术自由问题。学术民主主要是指在学术课题的申报和评审、学术成果的鉴定和评奖、学术组织的建立和相应的学术领导机构的建立等"非研究性的学术活动"采取投票决定少数服从多数的民主原则。学术自由则是在一种是学术研究课题的酝酿和提出、学术研究的具体过程、学术讨论的展开和深入、学术成果的言说、发表或出版等"学术研究活动"中，人们保留自己的兴趣、坚持自己的观点，不必屈从他人的兴趣或服从他人的观点，也没有必要去追求一个总体性的、统一的结论。中国科学院院士邹承鲁指出："在科学研究中产生不同意见，乃至产生不团结不仅是自然的，甚至是不可避免的。只有通过不同学术意见的反复交锋，才能促进科学事业的发展……当前（我国）缺乏百家争鸣也和科学界内部尚未养成在学术上争鸣的风气和习惯有关。具体表现在学术报告后习惯于对报告进行"学习"和"领会"，而缺少真正的讨论。即使提出问题也是要求进一步说明或解释的多，提出疑问或不同意见的少，提出原则性不同意见的就更少了。实际上对于任何一种学术思想只有通过不同意见的反复争论，甚至是交锋，才能真正领会其意义和影响；报告人和提问人双方才能对所讨论的问题有更为深刻的认识。"①批评了我国在科技发展过程中学术共同体内缺乏学术民主，缺少不同意见之间的争鸣的状况和危害，并且在这篇文章中明确地提出以下几点对策：（1）坚持在真理面前人人平等的原则。在科学研究中，对某位科学家的某一实验结果或学术思想提出不同意见，并不意味这一结果或学术思想就一定有问题或错误，更不能全盘否定这位科学家的贡献。应该本着在真理面前人人平等的原则，指出任何人所犯的错误，对于知名科学家也不例外，同时也不能由于一位科学家所犯的某一项错误而对他的贡献予以全面否定；（2）允许批评，也允许反批评的原则。必须强调，在学术问题上，无论是批评或反批评，都是作者个人意见，都与报刊编辑部

---

① 邹承鲁．发扬学术民主开展百家争鸣［N］．人民日报，2000，7，21

141

科技管理伦理调节系统与机制

或任何一级领导无关。正确开展学术界的百家争鸣就要既允许批评，也允许反批评。科学上的是非只能在反复摆事实讲道理、反复争论的过程中逐步澄清；（3）创造良好的百家争鸣的环境。科学上的有些问题的逐步澄清，本来也是需要一定时间过程的。在学术刊物上开展百家争鸣时，编辑部可以在双方事实和论点已经基本陈述清楚，都提不出更多更新的事实和论点时，避免双方意气用事，进行无休止的纠缠，宣布结束讨论。在尚未形成百家争鸣的风气时，这种情况也许是难以完全避免的，但是为了创造良好的百家争鸣的环境，活跃学术交流气氛，不断涌现新的科学思想，这是一个必须经历的阶段；（4）建立审稿制度。学术期刊可以用读者来信栏代替百家争鸣专栏，刊登读者来信指出本刊已经发表论文中的错误，原作者也可以发表答复批评的来信。这种做法在国际上早已经是大家接受的了。《Nature》和《Science》都经常刊登对已发表论文不同意见的读者来信以及原作者的答复；（5）每一位科学家都有为自己的学术思想进行辩护的思想准备。

4.5 科技人员与科技管理人员的管理伦理调节

以往的科技管理只分宏观管理和微观管理两个层次，由于管理伦理"以人为本"和强调价值观管理，个人作为管理伦理目标实现的主体基础和微观机制，是不可忽视的管理层面。其中管理者与被管理者、科学家、工程师等不同群体的管理主体之间的伦理管理，是微观科技管理伦理调控的主要内容。

4.5.1 科学家的道德责任

科学家是科技活动的主体，也是科技管理中的自我管理者。在"小科学"时代，由于科学的地位和作用还未凸现出来，其后果的影响非常有限，也就谈不上科学家的社会责任。而今，在"大科学"时代，科学成为在"历史上起推动作用的革命的力量"，科学技术成为第一生产力，科学、技术、生产一体化的趋势增强，全面而深刻地作用于经济与社会发展，这时，科学已经不再是完全中性和客观的事物。科学研究日益成为人类社会中最重要的事业之一，科学家在社会生活中扮演着越来越重要的角色，成为最受人尊敬的职业之一。科学家的社会责任问题就提上议事日程了。他们有责任思考、预测、评估他们所生产的科学知识的可能的社会后果，因为他们比其他人掌握了更多的专业科学知识，并且对于这些知识导致的科技进步可能带来的某些危害比其他人认识得更清楚。因此，"大科学"时代的科学家成为一个特殊的社会职业，不仅要从事科学研究，拿出高质量的科研成果奉献于社会，还要具有正确认识和宣扬科学技术价值、弘扬科学精神和从事科学普及的责任。在这种情况下，科学家的道德品质对于他从事科技活动的目的、动机和行为具有关键性的影响。或者说，科学技术活动后果的功过成败不仅取决于科学家的科学能力，而且取决于科学家的道德责任感和道德选择的能力和水平。正如爱因斯坦曾经指出过的："以前几代人给我们高度发展的科学技术，这是一份最宝贵的礼物，它使我们有可能生活得比以前无论哪一代人都要自由和美好。但是这份礼物也带来了从未有过的巨大风险，它威胁着我们的生存。"①苏联科学家谢苗诺夫更深刻地指出并论证了这个问题，他说："科学的社会功能越大，科学家的社会责任也就越大。一个科学家不能是一个'纯粹的'数学家、'纯粹的'生物学家或'纯粹的'社会学家，因为他不能对他工作的成果究竟对人类有用还是有害漠不关心，也不能对科学应用的后果究竟使人民境况变好还是变坏采取漠不关心的态度。不然，他不是在犯罪，就是一种玩世不恭。"②

科学发展过程所昭示的伦理属性，要求科学家具有科学精神和科学道德品质。以 DNA 发现的历史过程为例，不难看出科学在其自身发展的过程中一再呈现它的本质属性，昭示它的精神价值和伦理属性，主要表现出科学是一个永无止境的求真的过程，需要一种永不满

① 爱因斯坦. 爱因斯坦文集(3)[M]. 北京：商务印书馆, 1979. 88
② 黄涛. 论科学家的社会责任[N]. 中国教育报, 2003, 5, 28(3)

足、勇往直前的精神；科学是一个不断修正错误、向真理的无限接近的过程，需要敢于怀疑、蔑视权威和纠正错误的精神；科学是一个造福苍生、必须得到公众的理解和支持的事业，科学家应当具有科学普及和传播、主动取得公众支持和社会理解、向社会寻求动力的精神。这些精神分别渗透于人与自然、科学共同体以及科学家与社会的关系三个层面。为此，遵循科学内涵的伦理精神，加强科学伦理道德建设，创设宽松、民主的研究氛围，建立跨学科评议的审议体制，在对解决科学问题进行客观依据、逻辑考察等科学论证的基础上对其科学和社会价值做出判断，对其可能带来的后果作出预测，并以适当的形式向社会发布，成为对科学研究活动的主体——科学家的科技管理伦理准则和要求。

4.5.2 工程师的职业伦理

工程师通过工程技术将天然资源转化成物质财富，促进了社会和经济的发展。几个世纪以来，工程师的主要追求是不断提高劳动生产率。但是随着工业化的进程，不可再生资源的大量消耗，环境的严重污染、对生态的无情破坏，给人类的生存和发展造成了严重的威胁，有人提出了"发展的极限"。但是，由于发展是必然的选择，由此，可持续发展的理念在工程师的职业道德规范中逐渐反映出来。

最早的工程管理伦理规范是美国土木工程师协会(American Society of Civil Engineers, ASCE)于1914年采用的。最初它只规范了工程师与客户之间以及工程师彼此之间的相互关系，例如"保密"、"忠诚"等原则；1963年，增加了工程师对一般公众所担负的责任的陈述，认为"公众的健康、安全和福利是首要的。"提出了"工程是在履行他们的职责时，应当将公众的安全、健康和福利放在首要位置"[1]的陈述；1977年，随着环保意识的普遍增长，ASCE中增加了"工程师应当有责任改善环境，从而提高生活质量"；1983年，针对条款中

---

[1] Code of Ethics. American Society of Civil Engineers. Fundamental Canons. Item. 1

对工程师环境责任表述含糊的问题，经修改成为："工程师在提供服务时，为了当前和后代人们的利益，应当精心保护世界资源、自然和文化环境"；1997 年经进一步讨论，修改为："工程师应把公众的安全、健康和福利放在首要位置，同时执行他们的职业任务时，应努力遵循可持续发展原则"①；2002 年，德国工程师协会（Verantwortung der Ingnieure，VDI）通过了一个关于工程是特殊职业责任的文件——《工程伦理的基本原则》，对所有工程师提出了责任方面的要求②；2004 年世界工程师大会在中国上海召开，全球 70 多个国家的 3000 余名工程师通过并发表了《上海宣言——工程与可持续发展的未来》，它指出"近日在世界发展中所遇到的最紧迫的问题是贫穷、饥饿、疾病、文盲和内乱。而缺乏就业、能源、食品、保健、卫生、住房和饮水则加剧了这些问题。要解决这些问题，工程和技术是至关重要的。"强调了工程师应担负起使人类的生活更美好的责任。中国工程院院长徐匡迪在会上号召"21 世纪中国的工程师应当从单纯追求创造丰富的物质财富转向推动可持续发展，成为可持续发展的实践者。"③

很明显，工程管理伦理的微观调节，要靠工程师们对社会伦理要求的体认，对职业道德规范的内化和对来自不同方面的道德冲突的内心整合，从而自觉地履行自己所承担的工程的社会责任。

4.5.3　科技管理者的道德素质

从管理者与被管理者的角度看微观科技管理的伦理调控，主要是处理好二者之间的民主、平等关系问题，以促进科技活动的内在主体性的提高，从而提高科技管理的效率。

① P. Aarne Vesilind, Alastair S. Gunn. 吴晓东，翁端译. 工程，伦理与环境［M］. 北京：清华大学出版社，2003. 56–70
② Fundamentals of Engineering Ethics. Association of Engineers in Germany Dusseldorf［M］. March 2002
③ 保婷婷. 2004 年世界工程师大会圆满闭幕：上海宣言明确工程师的责任和义务［N］. 科技时报，2004，11.8

在新经济时代，越来越多的被管理者成为知识员工，他们比管理者更了解自己的工作，因为他们的工作大多是创造性工作。因此，管理者与被管理者的关系从过去的控制与被控制的关系，监督与被监督的关系，转变为合作伙伴关系，管理的方式也从命令到说服，从管理人、领导人、约束人等"反人性"的管理向"回归人性"的范式转变。另外，当代企业管理正在向通过战略联盟、关系网络组织和合作体等组织形式来实现非所有权的控制模式转变，因而"非所有权控制力已经成为经营管理的一个重要组成部分"①。道德、伦理、信任、社会管理及文化等新的课题被纳入管理的范畴，人们越来越依赖于伦理、道德、心理契约和信任等来管理"一个员工多个老板"的现象，已实现与外部资源和外部组织的连接。可见，在当今竞争日益激烈的环境下，越来越需要具有创新精神和道德修养的管理者，即管理者要把以创新精神为核心的伦理精神与突出专业化、规范化的专业管理结合起来，成为既有专业管理能力又有伦理道德修养的管理者。

---

① 张玉利，陈寒松，李乾文. 创业管理与传统管理的差异与融合[J]. 新华文摘，2004，18：46－49

5 现代科技管理伦理的实现途径

5.1 制定科技管理伦理规范

5.1.1 科技管理伦理的价值冲突与求解

科技管理伦理价值体系并非是自然生成的，需要进行问题研究、理论抽象、提炼和建构，即对丰富的科技管理伦理实践进行总结、分析、概括、抽象、提炼、阐释、升华，进而得出科技管理伦理普遍原则和规范，这些原则和规范构成一个相对独立的价值规范体系，成为科技管理伦理的核心内容。

众所周知，价值是满足主体需要的产物。它是一个关系范畴，是从人们相互之间的关系中产生的。科学技术飞速发展，改变了原有的满足人们需要的关系模式，一方面开发了新的社会资源以利于在更大程度上满足人们的各种需要，缓解了人们在满足传统需要面前的矛盾和冲突，另一方面，又产生了对新的资源和利益的分配的需要，并且加剧了在满足这些需要过程中的利益冲突。以生命科学技术为例，人体试验、安乐死、器官移植、辅助生殖、生育控制、遗传优生直至基因技术、克隆人以及干细胞等尖端技术，一方面满足了人们治疗疾病、追求健康、繁育后代、提高生存质量的深层次要求，同时也引发了亘古未遇的伦理难题，需要进行的艰难求解。科技管理伦理正是在这些涉及到当事人直接利益冲突的具体难题中，一步一步探索出安全优先、知情同意、病人自主、禁止买卖器官、保护病人隐私等伦理规范，并从这种具体规范的总结中提炼出生命伦理学的基本原则的。1978年，美国国家保护人类生物医学与行为研究对象委员会发表了佩尔蒙特报告，提出尊重、有利、公正等三项原则；1979年，在美国学者贝奥切普和查德利斯出版的《生命伦理学的基础》中，提出自主、有利、不伤害、公正四原则，得到了国际社会的广泛认同①。这是起源于20世纪60年代的生命科技及其管理，经过40多年发展取得的共识和成果。但是，并非每个科技领域都能这样幸运、这样成熟、这样为世人所关注。面对日新月异的科技发展及其在人们日常生活中的渗透，很多前沿科技领域面临的伦理冲突更加尖锐、全面、深入、激烈，表现出人们对科学技术的举棋不定和无所适从。正如德国技术伦理学家胡比希（Hubig）所描述的：政治家想（需要）技术的目的，工程师想（需要）技术指标，消费者想（需要）技术的功能，无人对技术的恶用负责，出现问题也互相推诿。这要求工程师不能只想技术的指标，而要关心技术的目的；政治家要加大工程师了解技术目的的权利，提高他们对技术的责任感，加强对技术目的的评估，等等②。胡比希认为，尽管不同科技管理主体对技术的需要之间最终可以达成在价值观上的某种一致，例如德国工程师协会提出了一套技术评估标准，但是，这些标准之间的冲突还是经常出现的，主要表现为以下七种价值标准之间的冲突（如图5-1所示）。

由图5-1所见，这七对矛盾关系以及其中价值观念之间的冲突是：普遍的富裕的生活与环境质量、与安全、与健康之间的矛盾，个别经济的发展与健康、与环境质量、与安全以及环境质量与安全之间的需要和选择的冲突。当然，这些描述还不能穷尽科技发展给人们带来的利益之间的矛盾和价值冲突，况且，从解决这些实际利益冲突之间的矛盾的可供选择的价值导向又是多元的，除了不同传统和文化价值观念的差别外，还有义务论伦理（行为所遵循的最高原则是保证自由和创造）、利益论伦理（行为的最高目的是普遍的富裕，是个人的

① 韩跃红. 尊重生命：生命伦理学的主旨与使命[N]. 光明日报, 2005, 4, 12
② 王国豫. 德国技术哲学的伦理转向[J]. 哲学研究, 2005, 5：98

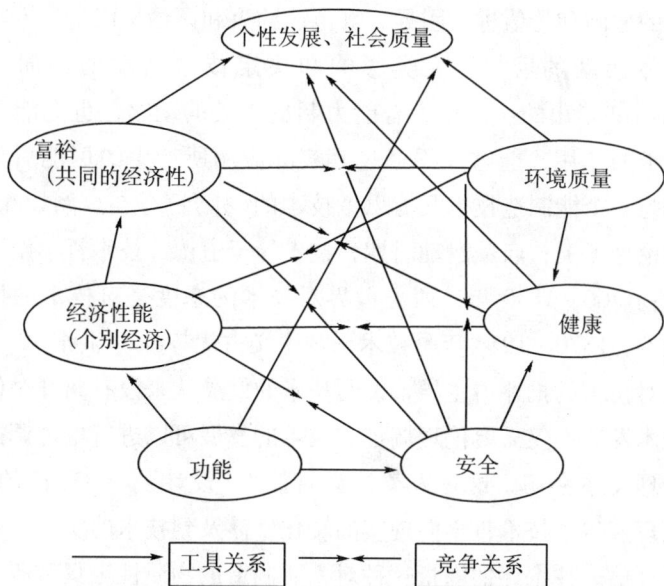

图 5-1　科技管理基本伦理价值冲突示意图

Chart 5-1　Schematic diagram of basic ethics and values

conflicts in sci-tech administration

行为目的)、功利论伦理(作为目的的富裕来自于对行为规则的尊重)、条约论伦理(行为的最高原则是承认和遵循条约所确立的规则)、进化论伦理(行为是在进化中的生存)等传统伦理价值观念内部的冲突。这些冲突反映了人们面对科学技术无所适从的精神状态。正如法国哲学家笛卡尔(René Descartes，1596-1650)曾经所言："我们不再拥有一个伦理大厦。"①这对于科技管理而言等于失去了目标和方向。因此，重建科技管理伦理大厦，取决于对各个具体领域的科技管理伦理难题的不懈求解，解开这些价值冲突谜团，无疑是提出科技管理伦理准则的逻辑起点。

胡比希还对此进行了论证。他认为，如果说技术哲学的意义在于对技术活动进行反思、说明、辩护、批判，技术伦理则可以说是对技

① Christoph Hubig, and Huning, Ropohl (eds.) 2000, Nachdenken über Technik, Berlin: Ed. Sigma.

术活动的方向和价值进行引导、规范、约束和评估。因为技术活动是人类集体活动的后果，人类影响和决定技术活动的方向。正如Thonmas Gil 指出的：人作为有能力制造工具的动物，也有能力思考这些技术的作用，能够反思通过其实际应用所产生的可能后果。因此，人是一个能制造技术又能思考技术的(社会)存在。例如在古代，技术与伦理无关；启蒙运动时期，技术等于道德，技术哲学发生了伦理转向；1760 – 1830 年，西方世界对技术的态度是对技术的批评占主导地位，1870 – 1914 年是技术乐观主义占优势，20 世纪 70 年代以来又是对技术的批评占主导，说明技术的发展从来没有离开过伦理调控，技术发展不仅需要伦理调控，技术的发展可以进行伦理调控。技术与伦理关系密切，这是人类社会对技术"设计"、"控制"的表现，技术伦理宣告了技术哲学向现实的转化，涉及到技术的实际问题，就是技术评估。技术评估即指这种对人所制造的物质性工具和所开发的技术性程序的思考。这是一个批判性的思考和判断过程，目的在于更好地开发技术和开发更好的技术。① 其实，这里胡比希所讲的"技术伦理"、"技术评估"、人类社会对技术的"设计"与"伦理调控"都是对科技管理伦理的必要性、可能性及其实际操作过程的研究与确证，应当说它们为制定科技管理伦理原则和规范准备了前提和依据。

5.1.2 科技管理伦理准则与规范

确立科技管理伦理准则和规范是科技管理伦理调节的重要方式，也是对科学技术进行伦理调节的重要手段。仅仅在特殊的科学技术领域中，解决具体的科技伦理问题，还没有完成科技管理伦理学的使命和任务，还要提炼出科技管理的价值目标和伦理准则，使其普遍地适用和指导科技管理伦理实践。一般而言，一项新的伦理准则的提出，可能利用的理论资源有三大理论来源，即目的论、功利论和义务论。目的论用于验证一项伦理准则是否符合"人是目的，不是手段"这一公理，从而使人类的

---

① 王国豫. 胡比希的技术伦理思想[J]. 世界哲学，2005，4：69

一切思想和行为服从于能够"把人作为目的"的普遍幸福准则；功利论用于确定什么是最高价值，当不同价值发生冲突时，倾向于选择哪一种价值，解决价值标准是什么的问题；道义论用来验证伦理准则的普遍性、绝对适用性，以及这项准则是否具有可行性，从而提出"放之四海而皆准"的伦理底线。上述三项理据相互补充、相辅相成，构成对管理伦理原则的无可辩驳的、强有力的论证。但是，目前的科技发展还没有赋予我们足够的经验去进行上述矛盾的论证和检验，以下提出的仅仅是综合各门具体科技领域中解答伦理难题得到的一般性答案，通过初步的学理性论证和抽象，提出科技管理伦理道德原则与规范，以为现实的科技管理伦理实践提供一个参照、一个准绳。

科技管理伦理的基本原则：

（1）以人为本——尊重人的价值和尊严、重视人的需要和利益、把人的全面发展作为根本的管理目标；（2）义利统一——以符合管理制度、规章和道德要求的行为追求管理效益；把本组织利益与其他组织利益以及社会公共利益有机结合起来；把追求物质利益与追求道德精神有机结合起来；（3）公平与效率相结合——使效率与公平的关系结构更加有利于人民群众的发展需要，注重实现既能有效创造价值又能公平分享价值的科技创新与发展；（4）和谐发展——使人类对于自然的索取、利用建立在对自然的补偿、建设双重过程中，维护人与自然相对平衡关系，追求可持续发展。

这些原则在科技管理活动中处于核心地位，蕴含了现代科技管理伦理的基本精神，对具体的科技管理伦理规范起着统领的作用。

科技管理伦理的基本规范：

和谐管理——天人和谐、人际和谐、己身和谐；（2）锐意创新——自强不息、积极进取，孜孜不倦，勤奋刻苦，批判质疑、勇担风险，强烈的社会责任感；（3）坚持民主——公平正义、人人平等、公共理性；（4）保护环境——爱护自然、养护自然。

这些主要规范都是围绕管理伦理原则展开的，它们将渗透于科技管理的决策、组织、控制等具体活动当中，成为现代科技管理伦理价值规范体系的居中间层次的组成部分。它们之间也有密不可分的联系。其中，和谐、民主是保证，环境是前提，创新是动力。

具体管理环节中的伦理要求：

科技决策中的伦理要求——目标满意、过程民主、行为理性、效果全面；（2）科技组织制度中的伦理要求——分工合理、职权适度、公平用人、人际和谐，全局观念、义利统一、集体精神、服务社会；（3）科技控制中的伦理要求——实事求是、尊重权利、上下协调、未雨绸缪①。

这些伦理价值观念，只有渗透于科技管理机制的运行之中，才能成为指导科技管理伦理实践的价值原则和规范。以上三个层面的科技管理伦理原则、规范和要求，构成科技管理伦理价值规范体系的大厦，它们之间的关系如图5-2所示：

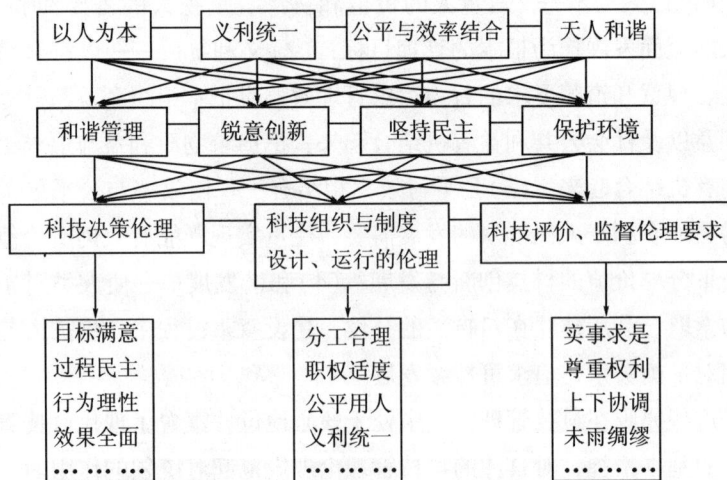

图5-2 科技管理伦理价值规范体系
Chart 5-2 Values and norms system of MEST

这个规范体系还是初步的、动态的，是随着科技发展及科技管理活动的不断创新、丰富和发展的，它在自身的不断发展中为科技管理伦理实践提供行为指南。

① 唐凯麟，龚天平．管理伦理学纲要[M]．长沙：湖南人民出版社，2004.92

5.2　建设科技体制伦理

科技体制伦理即科技管理伦理原则和规范的体制化，是指伦理要求渗透于科技管理的机构设置、职责范围、权属关系和管理方式等结构体系中去。体制作为一种相对稳定的社会形态，是国家政治体制、经济体制、科学传统、意识形态和文化传统综合的产物，必然受到伦理因素的制约。科技体制伦理主要表现为科技体制的设计及运行中所蕴含的价值观念、伦理原则和道德规范，它包括科技体制设计伦理与科技体制运行伦理两个方面。

5.2.1　科技体制设计伦理

科技体制设计伦理，主要指在科技管理机构设置、职权范围以及权属关系中确立的伦理价值导向和道德标准选择，亦即科技及管理者设计和建立科技体制时的伦理考量。它是关于科技体制"是什么"、"为什么"、"做什么"等方面的伦理，是实质性的伦理[1]。例如，1945 年美国著名的科学报告《科学：无尽的前沿》明确地指出："我们正在进入一个科学需要并应该得到来自政府资金的日益增加的支持的时期。"[2]提出了科学发展在美国国家发展战略中越来越重要的地位和作用，要求政府将其纳入职责范围并制定予以鼓励的政策；日本在20 世纪 80 年代之后也提出了"科技立国"的战略伦理目标，并据此不断改进传统科技体制的弊端，推行以国立科研机构和大学研究机构为独立行政法人的制度；我国为了提高科技创新实力和综合国力，提出科教兴国和建设国家创新体系等战略目标。可见，科技体制设计是依

---

① 彭定光. 制度运行伦理：制度伦理的一个重要方面[J]. 清华大学学报(哲学社会科学版)，2004，1：27－30

② 周寄中. 科学技术创新管理[M]. 北京：经济科学出版社，2002. 5

据"善"的价值目标选择而建立的，从这个意义上来说，科技体制实际上是"善"的制度化，并规定着所有的组织和个人的选择范围。

重视和研究科技体制设计伦理，在当代科技发展中具有重要现实意义和深远历史意义，主要原因有以下四个方面：

第一，符合我国科技体制转型的需要。一般而言，一个国家的科技体制主要包括四大系统，即政府部门直接管理的国家科研系统、企业科研机构、大学科研机构和非营利机构（主要是由私人科学基金设立的科研机构）。依据这四大科技管理系统彼此之间的关系，各国的科研管理体制被分为四大类型，分散性、分散集中型或集中分散型，集中型。目前世界上六个科技发达国家的科技管理体制类型如表 5 – 1 所示①。

表 5 – 1　世界六国科技体制类型

Table 5 – 1　Types of six countries'sci – tech structures

国家	美国	英国	德国	法国	日本	俄罗斯
类型	分散型	分散型	分散集中型	集中分散型	集中分散型	集中型

实践证明，高度集中型的科技体制已经不适于现代科技发展的需要，世界上的绝大多数国家，包括过去曾经采用过高度集中型体制的国家（如东欧一些国家），都已放弃这种体制，我国也处于由高度集中型向集中型、集中分散型转型的改革之中。这一时期各科技管理系统之间的协调与配合，对于实现国家科技发展的总体目标具有非常重要的意义。因此，在科技体制的设计中，提出能够从根本上反映各科技管理系统的根本利益、有利于系统各要素之间自觉地和谐运作的体制伦理，具有重大现实意义。

第二，有利于建设我国国家创新体系。新中国成立以后的科技体制主要包括国家研究机构、大学研究机构、国防研究机构、企业与开发机构、地方科研机构"五路大军"，以及以中国科学院为最高

①　邓心安，王世杰. 现代科技管理［M］. 北京：经济管理出版社，2002. 108 – 109

学术中心、国家科委为最高科技管理中心的体制格局。这一体制对于适应 20 世纪上半叶的国际国内形势发展，发挥了"集中力量办大事"的优势。但是，随着目前科学技术与经济市场化、全球化的发展，这种高度集中的计划体制存在着科学技术与经济相脱节、科技成果供需失调，行政干预代替科学决策、科研缺乏自主性，研究机构相对封闭、低水平和重复研究严重等多方面的弊病，需要改进和克服。从"有利于科技的自身发展、有利于科技与经济的结合，从而促进经济的发展"①这一科技体制改革的总体目标出发，我国提出建设以企业研究开发为主体的国家创新体系，加大拥有自主知识产权的研究开发和知识产权的保护力度，完善鼓励和增加企业 R&D 投入的法规体系，激励研究型大学和国家研究机构从事科学前沿性探索和战略高技术研究。在这一过程中，一方面科学技术与经济的紧密结合，市场经济的竞争和利益机制及其价值观念更多地渗透于科技创新的过程之中，一段时间以来科技领域出现了急功近利和浮躁现象，对企业科技伦理建设提出了进一步的挑战；另一方面，基础性研究领域的科研环境相对宽松，科学研究的自主权、自由性扩大，对科技工作者的道德自律提出了更高的要求。因此，科技发展更加需要伦理导向和道德约束。同时，当前科技成果滥用和科研违规等科技领域的腐败现象，也从反面说明了加强科技体制伦理设计的必要性，说明科技体制的转型和创新需要伦理调节这个"软着陆"机制。

第三，有利于建设健康的科技共同体。由于科技共同体是长期的科学研究和技术创新过程中逐渐形成的，由受过专门训练、相互之间有较强信息联系的科技工作者组成的集团，这个集团不是以某种正式的法人组织的形式存在，而是靠长期积累形成的一套行为规范来约束科研活动的，因此，科技共同体管理体制就更多地具有伦理设计的涵义。由于我国科学家数量有限、科学研究的前沿水平不高、研究成果的信誉不够，又没有长期学院式科学研究的传统，因而，建设健康

155

---

① 科学技术部 . 中国科学技术指标：2000［M］. 北京：科学技术文献出版社，2001.7

的、以科技道德为基础的科技共同体迫在眉睫。2003 年，中国化学学会利用期刊工作交流研讨会的机会，公开发表了有 21 家期刊编辑委员会签署的关于"维护科学道德、加强自律"的联合公告，提出要"追求真理、实事求是、团结协作、诚实劳动，坚持学术民主、鼓励百家争鸣，尊重他人劳动成果"等 6 条原则与规范①，就是一个有益的举措。国际科技领域较早注意到这个问题。美国物理学会 1991 年通过了"关于职业行为的道德守则"，并于 2002 年对其进行了修订与补充。其中提出作为一个职业的物理科学工作者，在几个最重要的环节中必须遵守的最低的合乎道德的行为准则，主要有：关于科学研究结果的诚实无欺，关于文章发表和属名的慎重和谦逊，关于同行评议的公正与客观，关于利益冲突的公开和错误的及时纠正，等等。还附加了美国化学学会、数学学会、计算机协会、电气和电子工程协会等多家科技共同体的科学道德行为规定。此外，美国科学和工程院、科学促进协会等还编写和出版"一个负责任的科研工作者——道路和陷阱"、"怎样当一名科学家：科学研究中的负责行为"，由国家科学院出版社出版，并将其与美国科学促进会的文件一并公布在一个专用网站上，供工程师、科学家和科学与工程专业的学生们查检，以便他们在工作中出现重大学术道德难题时，查询如何处理，以帮助他们避免学术道德上的失足或减少由此可能引起的损害。科技发展史表明，没有一个健康的、稳定的科技共同体，基础科学的发展将受到最根本性的制约。

第四，有助于科技管理体制创新。传统的科技体制主要是服务于经济发展的需要，缺乏与自然环境和谐相处的观念。伴随科技发展给环境和生态带来的不可逆转的破坏，人类的生存受到了严重威胁。将保护环境和生态安全与可持续发展的理念纳入科技体制设计目标之中，建立以科学技术与自然环境与人类和谐发展为价值导向的科技体制，才能从根本上、而不仅从人的内心世界或者口号上解决这种矛盾和冲突。

---

① 中国物理学会通讯[J].2004，1：72 – 74，111

5.2.2　科技体制运行伦理

科技体制运行伦理，是人们在科技体制运行时严格地服从和坚持实质伦理并依据它来一视同仁地处理各种具体科技事务时的伦理，是关于"怎样做"的伦理。形式伦理要以实质伦理为前提，它是对某种实质伦理的运用和坚持。科技体制运行中实现"善"的价值，主要表现在两个方面：一是恪守和努力实现所确定的善的目标，引导人们追求善的目标；二是排除个人在享受了制度所带来的权利后不愿承担相应的义务或者责任的不义行为，使之没有可能充当制度的"逃票乘客"，惩罚那些违背善、伤害他人及制度的行为。因此，科技体制运行伦理较之科技体制设计伦理而言，更具有现实性。这一现实性的表现就在于，一方面是指科技体制运行伦理对处理各种科技事务的有效性或者效力的现实限度，另一方面，还在于它重在抑恶的强制性，就是将人们的行为选择控制在一定的范围之内，并抑制和惩罚危及体制的行为，维护与"善"内在一致的科技活动秩序。

科技体制运行伦理的建设，主要体现在科技激励机制和科技评价机制的建立和健全方面。从科技激励体制而言，主要是科技投入体制。以往的科技投入主要关注硬件投入，而不关注政策、环境等软件投入，如科技国际交流与合作的机会、科技风险的社会保障体制、人才流动的良好环境、宽容而自由的学术研究氛围等等，导致科技投入流向低水平、重复性研究。从科技评价体制而言，目前存在评价体系不健全——科技项目评价、研究机构评价、科研人员评价等系统的评价标准不一致，评价制度不规范，评价标准不配套，评价导向过分追求短期效应等问题。其中特别是科研过多地与职称、津贴、地位直接挂钩，科研基金、奖励与论文成为现实权利与成就的标志，缺乏实质性的意见和真正的学术批评，违背了科学道德的精神实质。例如，对于环境保护的科技管理体制而言，如果仅仅是将环境保护的规范列入了科技管理制度的条款，而没有相应的激励措施和惩罚措施监督执行的话，是不会取得实际效果的。因为在人与环境之间关系的认识以及道德建设历史上，人类还处于惧怕来自环境惩罚而不得不遵守环境道德的"初期的习惯"①时期，需要将环境道德观念纳入科技管理、经济管理等其他具有强制性、稳定性的激励和评价体制之中，以进一步强化成为习惯并最终达到启发人们内心深处的道德良心的目的。

科技体制设计伦理与科技体制运行伦理是相辅相成的。因为一种制度可以从两个方面考虑："首先是作为一种抽象目标，即由一个规范体系表示的一种可能的行为形式；其次是这些规范制定的行动在某个时间和地点，在某些人的思想和行为中的实现。"②科技体制伦理作为科技管理伦理的制度化研究，就是上述两个方面内容的辩证统一。当前科技前沿的伦理问题，就是传统的科技体制设计伦理与现实的科技体制运行伦理相互脱节的表现。前者只问目标不问行动，导致科技伦理有令不行；后者只问既定目标的实现，不问目标是否正确、是否反映了科技发展的必然方向，流于盲目或者急功近利。科技体制伦理将两者统一起来，目标与手段统一，原则与行动统一起来，才能实现科技管理伦理的正常运行。因为在很多没有明确的法律约束，具有潜在的损害后果，无人监督或者存在固有的价值矛盾（如职业利益与社会利益、职业利益与客户利益、职业利益与个人利益冲突）的情况下，必须发挥制度运行伦理的强化作用。

5.2.3 国家创新体系的管理伦理

国家创新体系是以企业技术创新为核心的国家科技管理体制。胡锦涛总书记向全党全国发出了"大力提高我国的科技自主创新能力"，

---

① 马克思，恩格斯. 马克思恩格斯全集（18）［M］. 北京：人民出版社，1956 – 1985. 309

② ［美］罗尔斯. 正义论［M］. 何怀宏译. 北京：中国社会科学出版社，1988

"走出一条具有中国特色的科技创新的路子"等一系列重要指示，给当前我国科技管理体制改革指出了明确的方向，确立了制度的伦理价值目标。但是，由于长期以来，技术创新被人们理解为以追求经济效益为目标的经济行为，与此相适应，对技术创新成果的评价也只能看是否为企业带来更好的经济效益，实现市场价值。应当说，改革开放以来，这种追求经济价值的技术创新价值观一直主导着技术发展的方向。今天，当全球资源与生态环境等技术创新的物质基础已经变得非常脆弱的情况下，必须为实现经济的持续增长和适应人与自然协调发展，调整技术创新价值观和目标体系，实现技术创新目标的生态化、伦理化转向。

在建设国家创新体系中，要加紧对技术创新发展战略和政策的制定，采取有力措施，把生态效益与社会效益目标纳入到国家技术创新系统的目标中去，实现经济效益、生态效益、社会效益和人的生存发展效益相结合。具体对策和建议如下：（1）转变决策伦理价值观念，由传统的单一追求经济价值观转变到追求生态和社会协调发展的目标上来，即建立追求经济效益最佳、生态效益最好、社会效益和人的生存与发展最优——四大效益有机统一的科技创新价值观念体系；（2）加快管理体制创新，建立技术创新生态化转向的管理体制。在文化层面上要努力增强科技创新生态化的文化底蕴，通过媒体、舆论宣传等途径增强民众的民主、生态意识和社会责任感，引导和动员整个社会都来关心科技创新的社会后果，构建科技创新生态化的文化氛围；在制度层面上要加强创新绩效的生态化评估，就是在创新绩效的评估指标中引入生态指标和社会发展指标，实施技术创新绩效的生态评估；在创新成本定位的层面上，要依靠政府推动建立科技创新生态成本和社会成本的概念，建立一种新型的制度框架，并通过一系列的法律、法规和经济政策来促进科技创新的生态化转向①。

159

---

① 彭福扬，曾广波，兰甲云．论技术创新的生态化转向[J]．新华文摘，2005，4：121 –122

5.3 加强科技政策的伦理导向

5.3.1 科技政策的伦理维度和导向

科技政策是科技管理的重要环节和措施，它决定和影响着科技发展的方向、目标、重点和途径，对于统一人们的思想，保证科学技术的稳定协调发展，促进科技进步，推动科学技术从潜在生产力向现实生产力转化具有重要作用。由于科技政策的自然与社会双重属性，它不仅受到科技发展规律支配而且受到社会的政治、经济、文化的影响和制约。在现代高科技发展给人们传统的伦理道德观念带来巨大冲击的情况下，科技政策不仅要具有应对科技发展自身的分化综合、向纵深发展以及经济上的合理性的要求和维度，而且要具有适应科技、经济、社会、生态和谐发展的伦理价值维度，即科技政策作为科技管理的手段和方法，在其政策的制定、实施和不断完善的过程中，要强化伦理价值导向，才能充分发挥政策伦理的功能。

传统的科技政策基本上是以生产力发展为导向的价值观，它把科技发展在经济增长中的贡献作为唯一标志，把一个国家的工业文明作为现代文明的重要标志。在现实科技管理中把科研论文的增长、专利以及科技成果的数量化增长作为科技成果的标志，造成了科技与人文、与道德、与社会发展的不和谐发展，其后果是环境急剧恶化，资源日渐枯竭，贫富差距拉大，人类面临生存困境与危机，科技政策价值取向单一是其中的主要原因。如果不对科技政策的价值导向加以调整，即使科技发展了也会因其所依存的自然与社会环境的恶化而难以持续。加强科技政策的伦理价值导向：（1）要在科技政策目标中明确伦理价值目标，就是要在伦理价值目标的指导下实现多方面政策目标的有效协调、实现政策目标多主体的有效协调以及实现政策目标与手段之间的协调。例如在科学研究政策中充分重视服务于国家的经济、军事、社会发展目标之间的有效协调，不能因强调经济发展和国际竞争而忽视了社会和谐。要重视自然科学与人文社会科学的协调发展，为在科技世界里拼搏探索的人们不断注入精神动力，使人类判断和选择发展方向的能力与推进发展速度的能力相匹配，理性能力与价值能力相协调，避免人与社会的片面发展；(2)要重视基础研究在三类研究(基础、应用、开发)中的决定性作用。如果把技术比作经济发展的引擎，科学就是技术引擎的燃油，要坚决克服那种为了经济指标和短期效益，忽视基础研究的功利主义倾向；(3)从可持续发展的角度确立技术发展的重点、目标和方向，在选择高技术领域和调整技术结构的同时，注重对其风险和负面效应的评估以及配套技术的发展，如纳米科技发展及相应的应对纳米科技对环境影响的配套技术开发等；(4)在科技政策评估中制定伦理评估标准，设立和实施科技政策的伦理评估程序；(5)在科技政策中要突出自主创新的伦理观念，引导和创建勇于创新、不怕风险、平等竞争、自立自强的宽松、自由的科技发展环境，推动科技与社会及人的全面协调发展。

5.3.2　科技政策伦理的实施

实施科技政策伦理，需要充分运用多种手段。例如对于保护资源和环境的维度而言，基于我国社会主义市场经济条件，可以采取以下措施：(1)确立资源价值，理顺"原料低价、资源无价"的价格扭曲的现象。依据自然资源的有效性和稀缺性，使其客观上具有一定的市场价值和价格，从根本上消除自然资源需求过度膨胀、低效使用的经济根源；(2)明确资源产权，强化资源产权管理。建立必要的资源产权制度，树立资源产权观念，建立资源资产管理制度，强化资源所有权，特别是国有资源的国家所有权。实行资源所有权与使用权分离，对资源实施有偿使用和转让制度；(3)发展资源产业，补偿资源消耗，如资源勘探业和资源再生业等；(4)建立自然资源核算体系。即制定和提出一些实物性指标和公式，对自然资源的实物总量和实物消长变化量与对应的价值总量和价值变化量进行核算，并与国民经济核算表进行接口，按照资产折旧的方式，把资源的增加和消耗以货币形式列入国民经济账户中，以此反映自然资源历年消长的变化情况以及与经济发展的内在联系；第五，研究制定基于市场的环境政策。例如排污权交易、市场干预、责任保险等等。

实施科技政策伦理，还需要法律保障，要开展可持续科技发展立法。（1）在经济立法中，始终贯彻可持续发展原则，把科技与经济协调发展作为一个重要目标，在有关立法中，规定建立"可持续发展影响评价"制度，政府在制定科技政策、规划过程中的立项时，必须对可持续发展的影响进行评估；（2）建立和完善环境和资源法律体系，修订不符合市场经济规律和可持续发展目标要求的法律法规，同时研究制定尚处于立法空白的环境法律，做到科技与环境发展的各个方面都有法可依；（3）加强与国际环境公约配套的国内立法，目前我国已经加入 27 项国际环境公约，签约必须履约，必须承担相应的国际义务。因此，要加强国内的配套立法，以履行已签署的国际环境公约。

5.4 建立科技伦理预见与评估系统

5.4.1 科技伦理预见与评估的基本涵义和标准

科技伦理预见是参照"技术预见"（Technology Foresight）理论[①]提出的。预见一词有前瞻、展望、预测等涵义，技术预见不仅包含了对未来的预测、而且包含了理性的选择未来、主动地创造未来的意思。实际上它是一个长远预测科技趋势，科学确定发展目标，综合选择重点方向，优化配置科技资源的社会系统工程。科技伦理预见同样是一个针对科学技术特别是高科技未来的道德风险，作出预测和选择的系统工程。科技伦理评估则是依据一定的伦理价值标准，对科技社会应

---

① 杨耀武. 技术预见：科技管理新的战略工具[J]. 科技进步与对策，2003，6：19-21

用的后果所作出的价值判断和道德评价。科技伦理预见与评估是科技管理伦理程序化的重要标志，也是科技管理伦理机制有效运行的重要途径。

进行科技伦理预见与评估的依据在于以下三个方面：（1）科学技术存在风险性，它已经成为现代社会的风险源。这些风险当然包括道德风险，例如科技发展给已有的社会习俗和秩序可能带来颠覆性的冲击和挑战，对人类的利益和生存可能带来毁灭性的危机等等。有鉴于此，对于那些能够预测而没有做出明确预测和预警、甚至导致造成危害和损失的情况，科技管理难辞其咎。科技伦理预见与评估应当担负起这项责任，这对于调整科技管理的目标和原则具有重要意义；（2）科技管理的控制过程。科技管理控制分前置控制、过程控制和后果控制三种类型，每一控制阶段都蕴含了一定的伦理价值标准，特别是处于首尾两端的预见和评估，对于科技管理目标的实现具有重要导向作用；（3）伦理调节的预先调节特征。伦理的管理功能是以"应然"的规范对主体的未来行为进行的导向，它有通过肯定或否定、褒扬和贬损过去、提出和建立理想价值来预测、引导未来的发展方向，激励人们的行为的作用，是科技管理伦理机制实现的重要途径。

科技伦理预见与评估的标准大致应该包括未来观、科技观、发展观、决策观、政府职能观、行动价值观五个方面。所谓未来观就是对人类认识未来的信心，相信科技的未来是能够通过现有知识和人类聪明智慧进行伦理预见和选择的；科技观就是正确对待科学技术的双刃剑效应，强调科学技术与社会经济、环境发展一体化以及科技活动、科技资源、科技成果与标准的全球化；发展观就是强调超越短期行为，树立可持续性发展的观念；决策观就是强调科技管理决策要遵循科学化、民主化、制度化的原则；政府职能观就是强调政府在科学技术发展中的领导责任，充分发挥其引导、促进、规范科学技术发展的宏观职能；行动价值观就是强调将科技伦理预见与科技伦理评估纳入到科技管理的具体环节中去，成为科技管理的一项重要职能。

5.4.2　科技伦理预见与评估系统

科技伦理预见与评估系统，是一个包括不同范围和层次、不同时期、不同组织、不同方法、不同阶段的伦理等方面要素组成的实体性系统(如图5-3所示)。

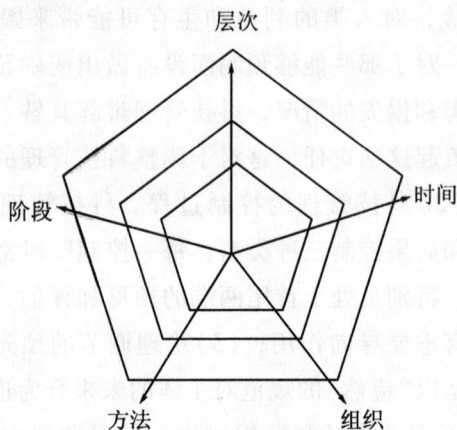

图5-3　科技管理伦理预见系统

Chart 5-3　Predictive system of MEST

科技伦理预见与评估的主要任务包括：(1)科技发展的未来趋势和可能产生的管理伦理问题；(2)科技管理伦理的重大的和核心的问题；(3)科技发展与社会相互作用范式的转变；(4)科技管理模式和科技伦理价值观的转变；(5)科技决策的民主化和科学化水平；(6)科技管理伦理体制的变革；(7)科技管理主体伦理水平和社会舆论的道德化程度；(8)科技管理伦理知识体系的建设情况。掌握了这一伦理预见与评估途径，就会掌握科技发展的主动权。

5.4.3　科技伦理预见的组织和实施

加强对科技伦理预见与评估，国内外已经有了一些尝试和经验，建立了一些科技发展咨询组织并开展了科技伦理评估实践。例如德国政府成立了技术评估委员会，企业联合起来成立技术评估协会、成立德国工程师协会等等。德国工程师协会提出了技术预见与评估的10条标准，尽管这些标准之间也有矛盾，例如，健康与环境的冲突等等，但在矛盾变化中它们仍然有效。中国也在建立适合自己国情的科技伦理评估标准，尽管标准之间需要协调，但伦理准则比法律条文具有实用性和灵活性，因为伦理只要提出导向性的东西，告诉人们哪些是好的(善)哪些是坏的(恶)标准，就能保持后人继续从事科技活动的余地。我国国家人类基因组南方研究中心"伦理、法律与社会问题研究部"，是我国迄今第一个、也是唯一的一个隶属国家级人类基因组研究机构的伦理、法律与社会研究项目。目前，该研究部已经启动了的一个研究课题："人类基因组研究与遗传服务的伦理规范问题"，着重对我国遗传服务的伦理规范和准则、知情同意书的标准化、我国人类基因组资源保护和知识产权、治疗性克隆的伦理学问题、对基因复杂疾病遗传服务伦理问题、人类基因多样性及伦理问题等六个方面的问题，进行深入的伦理预见和评估研究，实际上这些活动是建立科技伦理预见与评估系统的前期基础，在此基础上科技管理伦理预见与评估工作应该更广泛地开展起来。

直到有一天，科技管理领域能够建立起像2001年英国伦敦股票市场推出"金融时报道德指数"(FTSE 国际)那样有声望的、能够将那种一心只想赚钱、不顾社会影响、不履行社会责任的公司排除在外以示惩戒的道德指数评价系统①，让那些将污染项目转移到发展中国家的跨国公司、那些利用发展中国家廉价资源进行欺骗性、剥夺性研究的项目无缘"道德股"，科技伦理预见与评估系统才能充分发挥科技管理伦理的职能。

5.5 开展科技管理伦理教育

从本质上来说，科技管理伦理是一套伦理价值观念体系。中外伦

---

① 乔新生. 你是否购买了"道德股"[N]. 南方周末，2001 – 08 – 16

理史表明，运用一种价值观念体系对人的行为发挥指导作用，最有效的途径是教育教化，它能使外在规范内化为人们自觉遵守的行为准则。尽管"每个人自己特有的目标都不同于他人的目标，并随时间不同而发生变化。但当个人追求自己特有目标时，他们的行为一般仍要服从并依赖于大体相似的基本价值。不管人们的背景和文化是什么，绝大多数人，在选择范围既定的情况下，都会将实现若干极普遍的基本价值置于高度优先的地位上，甚至不惜为此损害其他较个人化的愿望。这里所说的价值就是人们通常所追求的终极目标。"①因此，建构明确的伦理价值观念体系和教育体系，是实现科技管理伦理目标的内在的、根本的途径之一。

科技管理伦理教育对科技管理伦理的实践具有重要的促进作用，它是科技管理伦理价值体系实现的支撑系统。由于伦理道德调节最终要诉诸于人的个体道德意识和行为，因此自古以来人们就把道德教育、化育人格作为实现道德理想的重要途径。爱因斯坦在 1945 年诺贝尔纪念宴会上的讲话中陈述了自己对原子弹的看法，表达了对原子弹能否被理智控制的自省和人格关注。他说："参加过研制这种历史上最可怕最危险的武器的物理学家，即使不算犯罪，也被同样的责任感所烦恼。而我们不能不一再地发出警告，我们不能、也不应当放松我们的努力，来唤醒全世界各国人民，尤其是他们的政府，使他们明白，他们肯定会引起不可言喻的灾难，除非改变他们彼此相处的态度，并且认识到他们有责任来规划安全的未来。"他还强调说："我那时之所以曾经帮助创造这种新武器，是为了预防人类的敌人比我们先得到它；要是按照纳粹的精神状态，让他们占先的话，就意味着难以想象的破坏，以及对全世界其他各国人民的奴役。我们之所以把这种武器交到美国和英国人民的手里，因为我们把他们看作是全人类的拯救者，是和平自由的战士。但到目前为止，我们既没有和平的保证，也没有《大西洋宪章》所许诺的任何自由的保证。战争是赢得了，但

---

① ［德］柯武钢. 制度经济学［M］. 史漫飞，韩朝华译. 北京：商务印书馆，2000

和平却还没有实现。"①表明了科技主体的道德素养对科技发展具有内在的导向作用，他们科技道德观的形成是科技管理伦理的内在实现机制。

但是，在大科学时代，科学技术工作者的作用与责任也是有限的，具有更加重要的示范性的、决定性的作用与责任的是肩负国家使命科技管理者。他们作为科技管理的主体，是科技管理的核心要素，他们的道德素养对于被管理者、管理组织及社会都有巨大的影响。通过科技管理伦理教育使他们形成与科技管理伦理价值规范的要求相一致的道德素质，是现代科技发展提出的使命。对他们的科技管理伦理教育，主要应着重塑造以下道德人格：(1)科技决策中的责任意识，这是因其掌握着重要管理职能和权力决定的；(2)服务的观念，即以社会大众利益为重，自觉接受大众监督的意识；(3)诚信操守，言必信、行必果；(4)求实品德，即实事求是地处理管理活动中的各种矛盾和利益冲突，一切从实际出发；(5)清正廉洁，平等待人，创新进取的精神等。虽然这里无法穷尽科技管理伦理价值体系的所有道德原则、规范和要求，但上述基本素养构成了科技管理者的基本道德品质，只要在实践中不断完善和提炼，并以之加强教育，对于实现科技管理伦理化目标具有重要作用。

科技管理伦理教育体系包括正规教育与非正规教育。正规教育就是对于政府、企业和各科研机构和大专院校的科技管理工作者所进行的科技管理伦理教育，一般来说要纳入学历和培训课程体系。目前为止，在科技管理教科书和人才培养中，还没有科技管理伦理教育的内容，人才培养规格中也没有这方面的要求和标准，应当将其纳入正规教育的内容体系之中，成为当今培养科技管理人才的重要规格之一。非正规教育包括以舆论宣传、榜样示范、政策引导、法律约束、环境及文化熏陶等方式进行的提高科技管理工作者伦理素质和修养的活动，其体系和发挥作用的模式如图5-4所示。

---

① [美]阿尔伯特·爱因斯坦. 爱因斯坦晚年文集[M]. 方在庆，韩文博，何维国译. 海口：海南出版社，2000：194-195

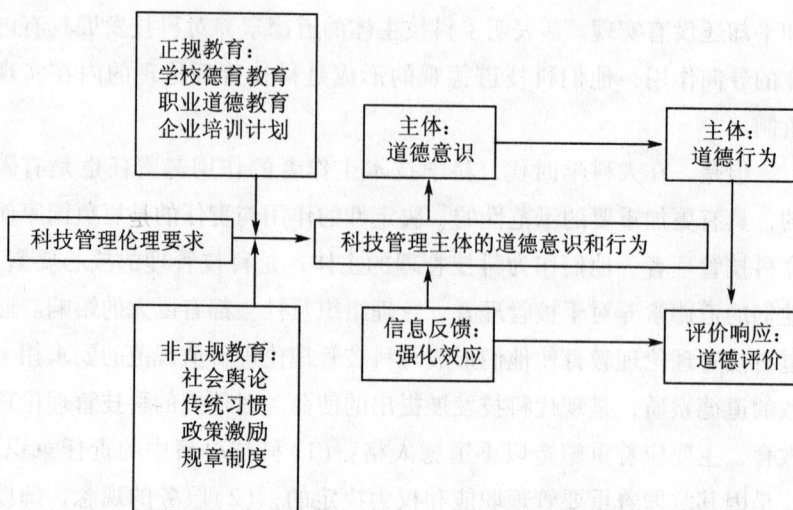

图 5 - 4　科技管理伦理教育体系与发挥作用的模式

Chart 5 - 4　Education system and function mode of MEST

　　图中可见，科技管理伦理教育是一个全方位的、内化与外化相互作用的动态过程。依据科技管理伦理的基本要求，以学校教育为主，包括职业教育和企业人才培训三大系统是正规教育的渠道，以包括社会舆论、传统习俗、政策激励、规章制度约束等社会环境建设所进行的教育作为非正式教育渠道，构成科技管理伦理教育体系。这一过程与一般的知识教育不同，是一个受教育者必须积极主动参与的知、情、意、行转化的过程，就是通过教育将科技管理伦理要求转化成受教育者的道德意识的内化过程。然而这只是教育的一个阶段，还需要受教育者将主体化的道德意识转化为自觉的道德实践和道德行为，通过来自不同方面的道德评价矫正自己的道德行为，进一步整合教育信息进入新一轮教育转化过程。

6　现代科技前沿的管理伦理问题：以纳米科技为例

6.1　高科技前沿与纳米科技

6.1.1　当代高科技前沿的发展及其特点

当代科技前沿领域正酝酿革命性突破。生命科学和技术将作为战略突破口，在 21 世纪成为主导技术群。信息科学和技术将具有广阔的发展空间，进一步带动工业化的深入发展，引发经济和社会形态的深刻变革。纳米科学和技术将作为新一轮世界科技竞争的热点，进一步揭示出微观世界的新的规律和特性，并带来科学技术的重大变革，具有重大的产业化前景。资源、环境、空间科学和技术将得到更大发展，随着人类可持续发展意识的不断增强和提高自身生活质量呼声的日益高涨，以节约资源、保护环境为特征的环境及绿色技术将大放异彩。

当代高科技发展表现出新的特点，促使科技管理体制和机制正在发生变革和转型。主要表现为以下五个方面：（1）科学技术全球化趋势加快，世界科技竞争呈现多极化局面。在国际贸易自由化和 WTO 效应的持续驱动下，人才、资金、技术、信息、货物等要素流动的边界壁垒不断下降，科技资源全球流动，科技活动规范和标准逐步统一，跨国公司研究与开发全球布局，以"大科学"为标志的国际科技交流与合作加强；（2）主导技术以群落的形式出现，区域科技集群化趋势凸显。现代技术革命起主导作用的已经不是某一项或某一类技术，而是由信息、生物、材料、能源等组成的技术群落，并且各个技术群落之间相互联系和渗透，将以纳米技术、生物技术、信息技术和认知科学的汇聚和融合的形态出现。因而，当今世界经济全球化的过程往往是跨国公司在世界各地整合资源，寻求最具竞争能力区域的过程。新的世界分工不再遵循国界或政体的脉络，而越来越趋向于有个性的、创新能力强的地区。区域水平上的竞争而非国家水平上的竞争具有更大的重要性，创新集聚的区域，称为资源集聚的区域和经济最有活力的区域，科技优势和特色将是区域中心城市制胜的关键，以劳动力成本为基础的经济格局将改变，知识资源将带动要素资源流动、集聚和扩散；（3）技术创新模式发生转变，集成创新成为重要的创新方式。科学、技术、生产综合化、交叉化、一体化趋势加快，科学、技术、生产之间的结合点往往成为生长点。当代任何领域的重大问题，实际上愈来愈不是单纯的科技问题，而是经济问题、社会问题或环境问题。科技活动建制化、大型化、高投入，科学事业已经成为最重要的社会机构和组织，需要广泛动员各个领域的多学科专家进行工作。技术创新模式经过60年代的"技术推动式"，70年代的"需求引发式"，以及80、90年代的"耦合模式"和"一体化"模式，进入现在的"系统集成和网络一体化模式"，研发与用户携手，专家有效协作，技术集成和联盟发展等；（4）科技竞争重心前移，速度加快，高技术竞争的重点更加突出，更加注重原创性。世界各主要国家纷纷开展科学展望和技术预见，抢占未来发展的制高点，并且更加重视重点突破和原始创新。科技知识增长及更新速度加快，科学技术向应用的转化率提高，科技对经济作用呈指数效应（古代的科技与经济是点与线的关系，科技对经济的作用是加法效应；近代的科技与经济是线与面的关系，科技对经济的作用是乘法关系；现代的科技与经济是面与体的关系，科技对经济的作用是指数效应）科技催化经济裂变式的增长①；（5）科学技术的风险性、科技成果社会应用的负效应更加

---

① 杨耀武. 未来世界科技发展趋势与特点[J]. 世界科学，2004，12：37－39

突出，各高科技领域普遍面临着传统伦理的挑战。例如，核科学与技术的发展，带来了原子弹危机和核威慑的风险，生物医学和技术的发展又被纳粹变成了残害生命的手段，DNT的发明和使用消灭了疟疾肆虐又带来了生态环境的破坏，网络世界的伦理秩序、围绕克隆人展开的生命科技伦理问题的激烈论争以及纳米技术的潜在风险等，成为备受各国政府、学界和公众关注的热点，向人们提出了加强科技伦理问题研究与管理对策制定的紧迫任务和普遍要求。

6.1.2 纳米科技的进展及其地位

纳米科技(nanoscience and nanotechnology)是指在纳米尺度(0.1
–100nm)上研究物质(包括原子、分子)的特性和相互作用，并对这些特性加以利用的多学科的综合性的高新科学技术。其最终目标是直接以原子、分子在纳米尺度及物质在纳米尺度上表现出的特性，制造具有特定功能的产品，并使之微型化，以实现生产方式的飞跃。由于纳米科技是多学科、综合性的科技，包含了各种各样的门类，它的成果会渗透到各个领域，能很快地接近我们的衣、食、住、行等日常生活。因此，纳米科技是战略性的科学技术，目前主要包括纳米机械学、纳米生物学、纳米化学、纳米电子科学技术、纳米材料科学技术，以及原子、分子操纵和表征、纳米制造等领域。

自1959年美国物理学家理查德·费因曼年提出纳米技术的概念以来，20世纪60年代纳米科技开始兴起，20世纪90年代后，许多国家先后投入巨资组织力量竞相加紧研究纳米科技。经过近半个世纪的探索，纳米技术已经作为高科技领域的领军技术，作为21世纪信息技术、生命科学、分子生物学、新材料科学、生态系统以及军事等领域发展的技术基础，将引发一场产业革命、认知革命和伦理革命[1]。也就是说，纳米科技是与处于融合、集成状态的生命科技、信

① ［美]德雷克斯勒．创造的工具[M]．李真译．台北：牛顿公司出版社，1990

息科技、资源、环境与空间科技并驾齐驱、并且在其中具有基础性地位的高科技领域，它涉及的是科技发展到一定阶段必须解决物质的深层形态的问题，是信息科技和生物科技等其他科技持续发展的保证。科技界普遍认为，纳米技术是人类认识世界和改造世界能力的重大突破，将引发下一场技术革命和产业革命，现已成为21世纪科技发展的前沿，它不仅是国际竞争的焦点——信息产业的关键技术之一，也是先进制造业最主要的发展方向之一①。各主要国家的政策支持和进展状况如表6-1所示。

表6-1　纳米科技的世界进展状况

Table 6-1　Advancement situation of nano science and technology in the world

国家	美国	日本	德国	中国
发展纳米科技的措施	自1991年开始把纳米技术列入了"政府关键技术"，每年为此拨3500万美元作为重大研究经费支出	1991年开始实施为期10年、耗资2.25亿美元的纳米技术开发计划，1995年又将其列为今后10年开发的四大基础科技项目之一	1993年提出今后10年重点发展的9个领域关键技术，其中4个领域涉及纳米技术	90年代初，将纳米技术列入科技攀登计划项目，1999年科技部启动国家重点研究项目，投入资金达数千万元。中科院成立纳米科技中心。被写入十五大报告（"十五"规划）
领先领域	纳米结构组装体系、高比表面颗粒制备与合成、纳米生物学	纳米器件和复合纳米结构	纳米材料、纳米测量技术、超薄膜的研发	纳米碳管及纳米材料
领先程度	世界第三	世界第一	世界第二	世界第五，（法国、英国和北欧第四）

注：德国科技部1995年对各国在纳米技术方面的相对领先程度的分析②

---

① 白春礼. 纳米科技及其发展前景. 2001科学发展报告（中国科学院）[M]. 北京：科学出版社，2001：24-28

② Jon Bill. Why the Future Doesn't Need Us[J]. Wired Magazine, 2004, 04. S. 238-262

6.1.3 纳米科技在我国的产业化意义

纳米科技的产业意义对于中国而言，是一个赶超国际科技水平的千载难逢的历史机遇，对于提高我国的科技竞争实力和综合国力具有不可估量的重大意义。抓住纳米科技产业化的机遇，其意义主要表现在以下三个方面。

第一，有利于充分发挥我国在纳米科技领域的现有优势。在微电子研究等其他高科技领域，中国虽然落后于发达国家，但是，如前所述，在纳米技术上、特别是在纳米技术向一些复合材料的发展上，中国已经显示出一定的优势。例如华中科技大材料学院谢长生等人采用激光加热使金属蒸发而获得金属纳米粉末，并取得批量化生产结果，这是近年来我国在纳米科技产业化方面取得的具有国际影响力的成就之一。这类技术的问世将大力促进纳米科技在微电子、航空航天、生物制药、精细化工等行业的广泛应用，产生极大的经济效益和提高相关行业的产业竞争力。因此，可以认为，纳米技术将成为中国在下一代电子技术方面与发达国家同一个起跑线的重要领域。

第二，有利于充分发挥我国在纳米材料应用中的优势。在基础研究的投资与发展上，中国与发达国家的差距是明显的，但是，在纳米材料的应用方面，中国与国际水平相当。中科院在材料合成和材料添加等方面具有了一些成熟的技术，例如山东小鸭集团在国内首家推出纳米洗衣机，就是将中科院下属机构生产的纳米氧化银材料加入到搪瓷材料当中，改善了洗衣机内胆材料的性能。在纳米材料贴近应用方面，中国政府有组织地进行投入，从而得到产业化过程中需要的成熟技术，认识和避免由技术到产品转化过程中的各种风险，以及科技界与企业的长期合作等方面，积累了国际领先的经验。

第三，纳米科技作为未来渗透于各种产业（材料、机械、半导体、计算机等）发展之中的一种具有共性的技术，将带来巨大的投资效益。特别是政府投资，会带来巨大的社会效益。发展纳米科技，不仅能提高产品的科技含量，扩展国际市场，而且对于我国产业结构的调整、经济增长方式的转变都将产生深远的影响。因此，中国政府从战略的高度来规划纳米科技的发展。同时，由于纳米产品具有广阔的市场前景，必将面临技术推广的市场风险，各种商业炒作也会风起，"伪纳米"等消费者难以辨别的假冒伪劣产品也会出现，需要政府、科技界共同制定有关纳米产品的检测方法和测试标准，制定纳米科技法规，对于维护公平的市场竞争秩序，规范商业行为，保证纳米科技产业的健康发展具有重要的示范性意义。

6.2 纳米科技管理的特征

由于纳米技术的"多学科交叉性、高科学性、高技术化、高产业化、高社会化等特点"①，使得纳米科技成为几乎横跨高科技一切领域的基础性、前沿性科技，其科技管理也具有战略性、综合性和创新性的特点，对这一领域的科技管理问题的探讨，对于解决其他高科技领域的管理问题具有一定的典型性和代表性。

6.2.1 纳米科技管理的战略性特征

所谓战略性是指那些具有长远的、重大意义的特征。由于纳米科技在现代高科技领域中的前沿性、主导性和基础性地位，以及纳米科技在当今世界国际竞争和国家综合国力提高中的战略地位，纳米科技管理成为具有战略意义的管理领域。纳米科技的发展作为高科技的重要领域和作为制约其他科技领域发展的基础性科技，已经成为衡量一

① 李亚青，贾杲，邢润川，张培富. 论纳米技术[J]. 科学技术与辩证法，1998，3：32 −38

个国家科技发达与否的重要标志。

在富于挑战性的 21 世纪，世界各国都对极具战略意义的纳米科技领域给予了足够的重视，特别是发达国家，都从战略的高度部署纳米材料和纳米科技的研究，目的是提高其在未来 10 年乃至 20 年在国际竞争中的地位。由于许多国家纷纷把纳米科技的发展作为最重要的发展目标之一，纳米科技领域获得了多项重大成果，其中具有晶体管效能的单个分子电路的研究工作被选为 2001 年度十大科技进展之一。我国政府和有关部门对纳米科技的重要性已有较高的认识，并给予了有力的支持。2000 年 10 月，中国共产党第十五届五中全会通过的《中共中央关于制定国民经济和社会发展第十个五年计划的建议》，明确提出了将新材料和纳米科学的发展作为"十五"规划中科技进步与创新的重要任务。为我国 21 世纪初纳米科技的快速发展奠定了重要基础。国家计委、科技部、国家自然科学基金委员会、中科院等部门都设立了相关的研究重点、重大项目，国家重点基础研究规划项目(973)年内已设立两项有关纳米科技的项目，有力地支持了我国纳米科技领域的研究。随后，中国科学院纳米科技中心正式成立，成为国内最大的纳米科技研究、开发的研究单位联合组建的研究实体，通过强－强合作并充分利用现代计算机网络技术，推动中科院和国内其他研究单位和企业间的交流与合作，提供纳米科技的技术咨询和服务，加强研究机构与企业界的联系，促进纳米科技成果产业化。2001 年，国家科技部批准在天津开发区设立中国首家"国家纳米技术产业化基地"，这一举措将启动中国的纳米技术产业化进程。基地积聚了中国在这个领域中一批著名的专家和学者，实行企业化管理模式，挂靠在天津经济技术开发区管委会。具体筹建工作由天津经济技术开发区负责，具体的管理体制和方案由清华大学中国创业研究中心负责设计，并作为国家重大技术创新案例跟踪研究。2001 年，北京市政府在中关村建立了中国首个新材料基地园，标志着北京市将把新材料产业作为其未来的一项支柱产业，纳米材料、高温超导材料等世界最前沿的材料科技将在这里变成大批量的产品销往全世界。

6.2.2 纳米科技管理的综合性特征

综合性主要表现为由于纳米科技的学科交叉性、学科基础性、技术转化和产业化过程的紧密联系而形成的科技管理模式的综合性特点。

纳米科技的学科交叉性、基础性、应用性特征，在纳米科学概念的理解中已见一斑。纳米概念的理解迄今包括了三个方面的内涵：(1)"分子纳米科技"，即在 0.1 – 100 纳米尺度上对取值(存在的种类、数量和结构形态)进行精确的观测、识别与控制的研究与应用的高新技术，其最终目的是直接以分子、原子在纳米尺度上制造具有该特定功能的产品，实现生产方式的飞跃；(2)将纳米科技定位为微加工技术的极限，也就是通过纳米精度的"加工"来人工形成纳米大小的结构的技术；(3)从生物的角度出发，通过将不同物种的 DNA 重新组合，制造新的纳米装置。例如设想中的纳米机器可以把天然碳的分子逐个排列，制成完美无瑕的钻石；可以将二恶英的分子逐个分解成基本组件；可以将剪下的草屑改造成面包，等等。这就意味着人类可以从零开始制造几乎任何东西——因为化学和生物学说到底就是分子的改变和重排，而制造不过是聚集大量分子并使它们组成有用物品的过程。

纳米科技管理的综合性表现为由于纳米科技的研究对象广泛，涉及诸多领域，它的基础研究问题又往往与应用密不可分。一般将纳米科技与传统学科领域的结合而细分为纳米材料学、纳米电子学、纳米生物学、纳米化学、纳米机械学及纳米加工等，但各类之间的交叉重叠不便于勾勒纳米科技的大致轮廓，一般将纳米可见功用最强的科技领域分为纳米材料、纳米器件、纳米检测与表征。这些领域遍及生物、信息、资源、环境等一切传统与现代的科技与生活领域，其管理也涉及科技、经济、文化等各个方面。正如一些学者所预测的，"纳米技术涉及到几乎现有的一切基础性科学技术领域，一些科学家认为，纳米技术将导致重大的社会变革。正像20世纪70年代微电子技术引发了信息革命一样，纳米技术可能成为下一个技术革命时代的核心。"①

6.2.3 纳米科技管理的创新性特征

创新性主要是指由于纳米科技向人们认识的未知领域进军而带来的人们对科技管理的职能、认识、理念和思想的变化。从纳米科技的发展来看，创新应成为科技管理的基本职能。1959年美国著名物理学家、诺贝尔奖金获得者理查德·费因曼（Richard Feynman）提出要在原子和分子尺度上来加工材料、制备装置，被很多人讥笑为痴人说梦。1974年人们最早使用纳米技术一词（nanotechnology）描述精细机械加工，1970年代后期美国麻省理工学院德雷克斯勒（Taniguchi）教授提倡纳米科技的研究，很多人甚至包括主流科学家都对此持怀疑态度。而今短暂的三个十年时间内，纳米科技已经成为人们日用生活须臾不可分离的一部分。可见保护创新、倡导创新、激励创新在当代科技管理中的重要职能。

从科技管理思想的创新上来看，纳米科技的研究方式可以采取从小到大和从大到小两种技术路线，这对于传统管理思想中的自上而下、从大到小、由宏观而微观的管理理念和管理思想带来了冲击，开辟了逆向思维的空间；从对科技管理原理的影响上来看，纳米世界展示了科学技术研究能够衔接以原子分子为主体的微观世界和人类活动的宏观世界之间的裂缝，由于原子分子的"组合"不同而表现出性质和功能不同的微观世界原理，与要素服从系统的宏观活动原理形成了反差，对科技管理依据的系统性原理和局部服从整体等观念提出了挑战；从科技管理哲学创新的角度来看，纳米科技增大了管理认识运动的反复性，进一步坚定了科技发展无限性和科技管理认识无限性的信念。例如，在0.1－100纳米尺度内的物质产生了许多惊人的新现象，

---

① 费多益. 灰色忧伤：纳米技术的社会风险[J]. 哲学动态，2004，1：23－36

焉知今后我们在管理人的同时，是否还要管理"纳米人"①。因而，科技管理的外延将不断扩大。同时，随着 1981 年人类成功地制造出世界上第一台扫描隧道显微镜——STM，一个崭新的纳米世界呈现在人们面前，人们的科技管理价值观发生了巨大改变，自觉应用纳米科技的物质、认识和精神成果提高管理水平，成为高科技管理的普遍要求。另外，从科技管理生态学的视角来看，鉴于目前林木过度砍伐、水土流失、沙尘暴、二氧化碳、重金属等各种环境失衡带来的影响，纳米科技将带给人类的影响也将是触目惊心的，必须寻找新的工业物质材料优化循环的理论和方法，创设新的科技管理理念和价值体系。纳米管理伦理问题的提出，也是这种科技管理创新的表现之一。

总而言之，由于纳米科技是一种跨越多学科、多技术领域，跨越科学与技术或基础研究与应用，跨越传统技术(机械等)与现代技术(生物等)的具有横断面性质、方法论性质的科学技术领域，就是说它没有一个专门的、明确的、独立的科技领域与范围。因此，它既能体现出不同科技领域的特点，同时又比现有的任何科学技术都复杂，构成一种科学、技术、生态、伦理等技术领域的联结，这种联结提出了以往任何科学技术评估标准都无法覆盖的问题。目前纳米伦理的概念及其研究的争论就表明了人们对正在扑面而来的纳米科技的担忧。应当说，纳米科技的发展给科技管理创新带来了更广阔的空间，基于纳米科技的科技管理的伦理问题研究，就是这种创新的重大课题。

6.3 纳米科技管理中的伦理问题

6.3.1 纳米科技的风险与道德责任

纳米科技带来的安全与责任问题是纳米科技管理中首当其冲的问

---

① John Weckert. Lilliputian Computer Ethics. Metaphilosophy, vol. 33, No. 3, April 2002

题。当人们享受着纳米科技带来的材料、医疗、体育等各方面意想不到的巨大惊喜和恩惠时，很多不可预测的伤害可能会接踵而至，人们将毫无选择地承受曾经享受它的某种恩惠的后果。因此，越是尖端技术越是面临这一问题，这不能不提醒人们反思这些风险的道德责任问题。

2004 年我国在以"纳米尺度的生物效应（纳米安全性）"为主题的香山科学会议上，来自纳米科学、生物、化学、医学、物理、环境等多个领域的专家一致呼吁加强纳米材料和纳米技术的生物环境安全性研究。他们指出，纳米技术与其他技术一样，是把双刃剑，我们要做的是在发展纳米技术的同时，同步开展安全性研究，使纳米技术有可能成为人类的一个在其可能产生负效应之前，就已经过认真研究，引起广泛重视，并最终能安全造福于人类的新技术[1]。概括地讲，纳米科技的风险主要表现在纳米技术的应用方面，纳米技术的应用主要是纳米材料和纳米器件应用（如图 6－1 所示）。

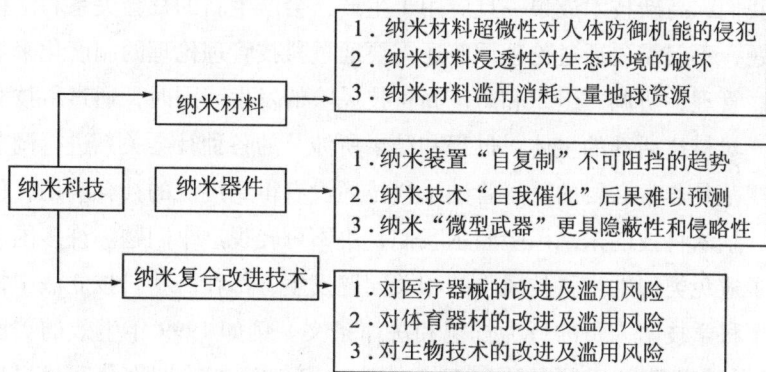

图 6－1　纳米科技的风险的主要表现

Chart 6－1　Major display of risks in nano science and technology

图中可见，纳米科技应用的安全性问题是由纳米材料、纳米器件以及纳米复合改进技术相关的研究和应用引发的前所未见、令人担忧的问题，需要未雨绸缪，认真对待，采取必要的措施，提高人们对这

① 游雪晴. 亦祸亦福：纳米技术是把双刃剑[N]. 科技日报，2002－12－06

一前途未卜的技术的责任感。从科技管理伦理的角度探讨对高科技风险的道德责任，主要包含以下三个方面的内涵。

第一，科技工作者的道德责任。科技工作者是科技活动的主体，也是科技管理的对象，他们对于规避科技活动过程失误和科技应用的不利后果具有道德责任。墨菲法则①指出，虽然谁也不希望灾难出现，但是许多人为失误造成的重大技术事故却是可能发生的。制定和不断完善技术操作规定和技术行业标准，当然是提高技术安全系数的措施，但是，科技人员的道德责任感从某种程度上说是最根本的问题。另外，尽管像纳米科技这样的高新技术的应用后果有时殊难预料，但是，作为科技知识的拥有者，科学家首先是"知情者"。在保护知识产权的前提下，科学家应当尽到道德责任，如认真估价并向社会公开自己的研究成果和应用潜力，尊重公众的知情权，站在道义的立场上，自觉抵制自己认为与伦理相违背的科学研究。

第二，科技管理伦理规范的制度化和法律化。纳米科技的风险警示我们，高新技术成果一旦应用于生产，会产生新的社会关系和法律问题，不仅需要通过伦理调节还需要通过科技管理伦理的制度化来规范、管理、协调、组织和防范高科技风险的发生。同时，通过科技立法，对科技活动的主体、过程和结果所涉及的各种社会关系进行调节和规范是非常必要的。尽管纳米科技还没有得到广泛的社会应用，但是，纳米科技的未来风险昭示我们，决不可轻视这个问题。许多国家为了避免类似纳米科技风险的相关问题发生，都在一些科技立法中提出了科学技术人员的行为规范和法律条文。例如1999年生效的美国《涉及重组DNA分子的研究工作准则》，该准则在第四部分明确提出了科技工作者所应承担的法律责任。

第三，公众和社会团体的道德责任。在信息化时代，科技管理离不开公众的参与，他们常常是科技风险预兆的察觉者、科技风险发生的目击者或知情者。因此，在防范和应对与高新技术相关的社会风险方面，公共道德、社会责任感和法律义务对每个人都显得非常重要。

---

① 何立松. 双刃剑的困惑：技术价值的分析. 南昌：江西高校出版社，2002：93

科技管理通过媒体、学校等各种渠道，调动社会各方面的科技良知，倡导正确的科学技术伦理价值观，发挥他们对高科技发展和应用的监督和影响作用，对于推动科技管理主体与客体及与利益相关者的互动，形成全方位防范高科技风险的管理机制有重要意义。

6.3.2 纳米科技管理中的公平与效率问题

由于纳米科技可能带来生产方式和生活方式的革命性变化和巨大的市场潜力，它已经成为发达国家投入最多的领域之一。由于纳米材料的生物效应还不很清楚，因此，在生活中的应用尤其与人体和食物接触的纳米材料，还没有广泛的应用。一些伦理问题的表现还是预见性的。以纳米科技在体育领域中的应用为例，由于它可以改进体育器械、场地、服装等运动器材和设备，协助竞争双方收集对手信息和训练情报，提高裁判精确度和运动成绩，同时，会带来对处理体育比赛的公平与效率之间的关系的新的挑战。目前主要表现在以下四个方面：

第一，就国际竞技体育而言，体育器材的高科技化，使一些科技大国以强大的科技和国力作为后盾，在体育器械方面占据优势，从而长期在某些体育项目上处于垄断地位。因而使竞技体育实质上成为国家科技实力和经济实力的较量，而不是运动员自身体能和体育精神的竞赛，这种社会不公平的现象，将会带来竞技体育内部竞争的不平衡。

第二，运动员在高科技体育比赛中如何发挥主体性的问题。高科技的运动器材的应用，必然削弱运动员自身努力在竞技体育中的地位和作用，从而使运动员运动成绩的提高在较大程度上依赖器械和服装的高科技化，如果体育器材作弊（在运动员不同身体部位置入纳米机器人——微型泵机），体育比赛将成为科技成果比赛、经济实力较量，运动员的主体性和奥林匹克的精神实质难以体现。

第三，纳米技术在体育运动成绩提高方面的神奇作用，将掀起新的科技崇拜高潮而带来体育运动与其目的的背离，体育运动过分依赖科技发展就会变成以科技为目的，以运动为手段，这会背离体育运动的目的，造成体育运动的异化。

第四，体育运动中纳米科技应用，对传统的科技管理规则提出了挑战。例如，在竞技体育中，是否需要修改某些项目的器械设计规则，为了在奥运会及有关比赛中对所有参赛运动员提供公正、公平的参赛环境的保证。各个项目是否应有相应的规则来限制体育器械重量和长度，从而突出运动员的主体性和竞赛的公平性。是否应该加强一些项目的器械、服装的申报和检测程序，像自行车、乒乓球、网球、撑竿跳等，如果采用了不同以前的新型材料、设计等，必须提前公开申报，以保证其他运动员也有可能掌握和使用这种器械，至少在器械平等的前提下展开竞争。是否应该增加新的检测手段，杜绝运用器械作弊的可能。上述问题和要求对体育管理和体育科技管理部门提出了新的管理和伦理调控的要求，一方面需要针对纳米技术等高科技的新成就加强新的检测手段，杜绝运用器械作弊，另一方面需要加强道德教育，包括体育机构道德建设和运动员、教练员、裁判员和科技工作者等个体道德教育，以保证竞技体育更好地弘扬奥林匹克精神①。

上述纳米科技管理中公平与效率的关系等问题，在其他高科技管理领域也是存在的，可以认为有代表性地提出了高科技前沿的管理伦理要求。因为效率常常体现为局部管理组织的经济效益，很具体、直接，而公平往往是广泛意义上的社会正义问题，很宽泛、潜隐。因此，公平与效率之间的矛盾往往是个人利益、局部利益与整体利益之间的矛盾，这是科技管理伦理问题的本质。同样的问题也发生在生物科技领域。例如，美国基因重组技术在农作物领域的应用，目的在于控制世界农业和畜产业的命脉，保持美国对这个关系到所有国家国民生活基本要素的垄断权以及从中获取巨大的经济效益，但是却对基因重组食物的安全问题置之不顾，因而受到了全世界各个国家的联合抵

① 申建勇，傅静．纳米技术的发展给竞技体育带来的伦理道德问题及对策研究[J]．体育与科学，2001，1：14－16

制。中国圆明园改造计划采用湖底铺膜防渗技术，不经环评及生态论证，目的在于通过园林化改造获取旅游经济效益，但是对于文物的保护、生态平衡等方面的漠视，受到了国人广泛的批评，等等，不一而足。提出了科技管理中如何处理效率与公平、经济效益与社会效益的关系问题。

6.3.3　纳米科技管理伦理制度化问题

纳米科技道德责任的承担不仅需要各个不同层次的道德主体的认识和观念的改变，更重要的是责任的落实问题。而制度是实现管理职能的基本形式和保证。传统的科技管理制度是根据经济效益为主的价值原则设计的，从国家层面而言，它主要的是对 GDP 负责，而不是对人类的长远的、整体的利益负责；从公司的角度来看，它主要的是对利润负责，而不是对员工的生存状态和生活质量负责。这体现在科技管理制度的现行运行模式上。就现有的科技管理模式而言，大致分为三种类型，一种是学院式运行模式，它以科学家的创新精神支撑知识系统的扩展，一般来说遵守默顿规范以获得社会的承认和支持，这种模式适合基础研究；第二种模式是企业模式，它以科技创新为动力，追求企业的利润，经济效益标准就是科技管理的道德标准；第三种是国家模式，以行政命令为准则，以提高国家的经济竞争力为目标进行科技投入和管理，政府的奋斗目标就是提高国家科技竞争实力。但是，在纳米科技为核心的现代高科技发展情况下，人类生存的全球性危机从这些模式中找不到制度性的伦理主体，这是一种严重的制度缺失。科技伦理原则无以实现，没有载体，没有依据，人人有责，人人无为，要求有一定的思想、理念、规则、制度及实施途径来指导、规约各个层面的科技管理主体的活动，承担相应的道德责任。由于管理伦理本质上是价值观层面的东西，因此，伦理化的管理实践，需要科技管理伦理制度、组织及其结构的改进来实现。如联合国公约、宪章、宣言，尽管还不能普遍地实施，但总是有一个要求，有一个原则，甚至很多国家设立组织和规章制度进行有效地管理。目前积郁于科技管理中的伦理问题很大程度上是纸上谈兵、没有具体的制度化的问题。因此，导致科技管理的伦理规则想理睬就理睬，想践踏就践踏，无法操作。

制度作为一种在一定社会历史条件下形成的正式规范体系及与之相适应的通过某种权威机构来维系的社会活动模式，其设计与运行中都蕴含着某种伦理考虑，具有伦理价值观基础。例如，美国在2000年提出的"国家纳米技术创议"（NNI）中，就把纳米技术发展过程可能涉及的"伦理、法律和社会影响及教育培训"等方面的问题，列为重点支持的研究项目。这表明，美国政府对纳米技术发展的进程给予了人文关怀的理性态度，并在计划安排立项和经费上予以支持。政府召集来自研究领域、智囊团和政府基金部门的代表们聚集在一起，探讨人们对于纳米技术与日俱增的忧虑。其中，最受人关注的是关于纳米技术的以下社会问题：现有的教育体系能否培养出足够的纳米技术工人？纳米技术在电子学领域的发展是否会削弱成千上万人赖以维持生计的传统工业？随着纳米技术和分子生物技术成本的日益降低，是否会使恐怖分子或其他小团体能更容易地去制造危险的细菌呢？其实，在英、德、法、欧各国的纳米技术战略计划中都有相应的体现。我国一些科学家、哲学家、法律工作者、人文学者、舆论界等有识之士，也开始行动起来，纷纷发表意见，从各自的角度来审视纳米技术，建议各国政府宣布暂缓纳米技术的商业应用，并发起世界范围的社会、经济、健康和环境的评估。

6.3.4　纳米科技成果的滥用

纳米科技活动的主体是科学家、工程师和各种专业技术人员，他们也是纳米科技管理的对象。由于纳米科技的高技术性，控制纳米科技滥用的第一道防线在他们这里。他们的道德素养是防止纳米科技滥用的关键。科学家可以用显微操作技术移动植物和动物的染色体基因，培育出具有特定功能的产品，科学家也可以通过基因操作把果蝇的眼睛搬到不该有眼的地方，把翅膀搬到不该长翅膀的地方，甚至可以通过 DNA 重组改造人类的遗传特征。由此，不难想象若用纳米技术操纵生物基因会产生什么样的后果。只要科学家愿意，在用基因芯片治愈各种遗传缺陷疾病和肿瘤的一天来到的时候，可怕的社会问题也许会随之而来。如基因歧视问题、生物技术的安全问题（包括 DNA 重组、基因转移、胚胎操作、细胞培养、克隆抗体、生物加工等技术）等等。纳米技术带给人类的不仅仅是科技的恩惠和美妙的生活，它很可能也会给我们带来一些新的危险陷阱。纳米技术将在人类健康、社会伦理、生态环境、可持续发展等方面引发诸多问题，对此，我们应该比以往任何时候都应加强科技管理中应对伦理问题挑战的研究和准备，这里起关键作用的是纳米科技主体的科技道德素养。

第二道防线是纳米技术转化和产业化主体的道德素质问题。如果这些人利欲熏心，为了追求纳米科技带来的商业化前景而置人类利益不顾的话，将会比科学家在实验室的犯罪带来更加巨大的社会灾难。因此，管理伦理的法律化和规章制度的严格制定和有效实施，是科技管理伦理面临的新的任务。它需要对出台什么样的法律及其合法性做出充分的论证，并采取到位的措施。

第三道防线是加强公众参与，营造社会监督的环境和氛围。纳米科技与其他高科技领域一样，都不是广大公众所能够广泛了解的领域，因此在科技管理中他们的利益无法得到充分的表达。科技管理者有责任把科技的风险和副作用实事求是地告知公众，让他们来决定自己的选择，以杜绝一些人只享用高技术产品而不承担其带来的风险和后果，而另一些人不得不承担高技术产品的风险和负面作用，却没有享受到高科技产品带来的利益。通过民主决策让人们平等地决定哪些产品能用、那些产品不能用，即平等的选择、决定是发展这个产品大家均摊它的利弊，或者不发展这个产品，大家都节制对它的享用的欲望。同时，还要加强跨文化伦理道德观念的沟通和传播，从总体上、根本上找到统一的道德标准，以获得目标大体上一致的道德行为，为人类合理应用纳米科技提供科学依据。

6.4 现代科技前沿的科技管理伦理问题及对策

6.4.1 科技决策伦理

此前一节的分析和论述表明，科技前沿的风险以及道德责任问题，不仅是纳米科技伦理问题，也是其他高科技领域面临的共同问题，是诉诸于科技管理决策过程所应当解决的具有一定共性的问题。科技决策是科技管理的重要职能，是指人们为了达到或实现一个科技目标，在占有信息和经验的基础上，根据客观条件，借助一定方法，从提出的若干个备选行动方案中，选择一个满意合理的方案而进行的分析、判断和抉择的过程。它具有智能性、目标性、影响的广泛性以及关系成败的全局性等特点。科技决策作为科技管理运行的重要过程，它规定和制约着科技管理的计划、组织、领导、控制等运动过程，贯穿于整个管理系统之中，发挥全部管理运动中心的调控机制的作用，因而，科技管理伦理化，首先应当实现科技决策的伦理化。

科技决策伦理指科技决策过程中科技管理者应遵循的伦理道德要求及其相应的规范。由于科技决策实质上是科技管理主体的价值选择，因此，他们利益、地位、文化、伦理价值观、宗教信仰等方面的主观因素不同，决策内容将受到其影响和制约。传统的科技管理理论与实践中人们认为决策只需要进行技术、经济分析等理性分析就足够了，决策科学就是运用科学理性方法进行决策的知识，而与伦理道德这样的价值性分析是无关的，这种决策方式认为只要管理者依据科学理性作出的决策就是价值最大化的选择，就是道德的。但是，当今科技发展的事实以及社会各界对科技发展社会后果的反思，批判了这种认为决策是在管理者完全理性支配下的假设，认为在决策过程中决策者不仅受到科学理性的影响，同时也受到民族文化和伦理道德等非理性因素的影响和制约。例如决策风格是民主方式还是专断方式、是进取型还是保守型、是急功近利型还是深谋远虑型等都体现了这种非理性影响的作用。并且越来越多的管理者意识到如果他们更多地考虑他们的价值观、社会准则和伦理规则，并把它们用于决策，就可以改善决策①。

科技时代的科技决策，既遵循高科技的理性逻辑，也要充满人类价值的创造力的人文关怀，这是当代高科技发展的管理要求，也是科技管理伦理化发展的客观趋势。它要求高科技管理由管理科技化和科技决定论的——按照物理定律、自然法则去管理的状态转换到加强心理、社会、经济之间的关系的复杂关系的认识，加强管理伦理或伦理管理的协调状态。根据上述分析，就是首先要解决好高科技发展风险决策中的伦理问题。科技决策中的伦理问题主要有：（1）决策目标是否令人满意，所谓满意就是在风险条件下，科技管理的目标是否满足人类"利益最大化原则"，又考虑了"最小伤害"原则，在有限的条件下做出尽可能合宜的决策；（2）决策过程是否民主，即在科技决策方案的选择过程中，是否遵循民主参与的原则，平等公正地对待科技管理所涉及的所有利益相关者；（3）决策行为是否适当，即管理者的决策行为是否既符合客观规律又符合既定法律道德规范；（4）决策效果是否以可持续发展的原则为评价标准，即用既符合当事人的当前利益又符合全社会、全人类的长远利益的标准来检验和评价决策的实施效果等等②。

我国政府在"十五"863计划新材料技术领域的项目评审中，科技部主持制定了863计划管理办法和"十五"863计划评审规范的原则和要求，即：实施"跨越发展、突出创新"的发展战略，强调重点突破关键新材料制备技术，加强新材料在国家重点工程、对传统产业的改造和新兴产业的形成等方面应用的原则，力争产生一批在国际上有较大影响、具有自主知识产权的新材料和新技术，促进一批传统产业的改造和提升，形成一批新兴的大型新材料产业集团，培育出一批具有

① 戴艳军，赵东霞. 试论我国转型时期的公共政策决策模式[J]. 公共行政(人大报刊复印资料)，2003，3：44－46

② 唐凯麟，龚天平. 管理伦理学纲要[M]. 长沙：湖南人民出版社，2004.127－129

开拓创新能力，能胜任国家重大任务的新材料研究开发队伍，为在整体上提高国家综合科技实力、巩固现代国防、保障重点工程建设、提高人民生活质量和促进社会可持续发展做出重大贡献，从而为提高我国新材料产业在国际市场上的竞争力奠定基础。中华人民共和国科学技术部关于发布"纳米材料技术及应用开发"项目部分课题公开招标公告提出：为了公平、公开、公正地选择项目承担单位，充分调动科研单位、大专院校、企业的积极性，充分发挥地方各级政府的作用，优化科技资源配置，促进公平竞争，提高科技经费的使用效率，保证项目研究工作的质量，依据《中华人民共和国招标投标法》和科技部颁布实施的《科技项目招标投标管理暂行办法》对"十五"国家科技攻关计划"纳米材料技术及应用开发"重大项目部分课题进行公开招标。主张在决策过程中应当对纳米技术的安全性与可持续发展性进行论证。在取得巨大经济效益的同时，注意过分功利化倾向。在实验室能够安全操作的技术并不表明在生态效果上也是安全的，一时能够获得利润的技术不一定符合可持续发展战略。任何生物技术的使用必须经过周密的安全性与可持续发展性论证，在科技决策中适当地考虑伦理原则，对于防范高科技可能在生态和环境等方面带来的失衡具有重要意义，这也是道德和法律对社会实施控制的任务之一。

6.4.2　科技体制伦理

纳米科技成果管理中的公平与效率、经济效益与社会效益以及制度化建设等问题，都是与科技组织及其制度的设计和运作紧密相关的，因此，科技体制伦理是科技前沿领域的管理伦理具有共性的问题之一。科技体制是科技管理的重要职能之一，也是科技管理运行机制必不可少的重要的过程和阶段。科学技术作为一种社会事业以来，科技管理组织由单一的、小规模的向综合性的、大规模的直至国家和跨国科技管理的方向发展，使这些组织之间的利益关系越来越错综复杂，科技体制伦理作为调节科技组织活动中的利益关系的道德原则和规范，具有越来越重要的地位和作用。

一般而言，科技体制伦理包括体制设计伦理与体制结构伦理两个方面的含义。由于科技管理中组织之间的利益关系、组织变革中的利益关系在高科技发展中具有更加重要的作用，所以这里的科技体制伦理主要是静态组织结构为核心的科技体制伦理问题。这些问题主要表现为：

第一，各种科技管理组织在追求自身利益最大化时，如何对待其他组织及利益相关者的利益问题。如高科技的滥用往往不是人们对它的负效应一无所知，而是为了获取某种国家利益、企业利益和个人利益而置之不理的结果，甚至冒天下之大不韪，我行我素者大有人在，核技术带来的灾难性后果就是最好的证明。因此，应当说所谓科技伦理问题就是人对科技的管理伦理问题。

第二，高新科技带来的巨大利益资源对传统伦理观念和利益分配原则的挑战。现代科技的发展带来了以往数百年才能积累的巨大物质财富。但是对于这些财富的态度，人们并没有及时地确立有利于人类自身发展的伦理道德观念。如在这些巨大的物质财富和利益面前，如何对待不同层面的组织和集体以及个人的利益，存在着不同的道德原则，功利主义者的"最大多数人的最大幸福"、公平分配理论、共同体主义者追求的公共利益、马克思主义者追求的人的自由和全面发展原则之间存在着固有的矛盾，这就是当今对于高科技发展人们莫衷一是、争论不休、充满危机感的重要原因之一。

第三，科技组织运行的伦理视角转换问题。科技制度伦理较之以往的科技组织伦理最大的变革是主体视角的转换——从科学共同体、企业等私人的、机体的组织和制度转换到国家对科学技术的公共管理这一视角，因而具有新的科技制度伦理与传统的科技组织伦理相互延续、相互补充的问题。如科学技术国家创新体系建设需要国家伦理视角审视组织运作，科技组织管理具有正式性、权威性和利益广泛性特点，要求组织成员处理好公共利益与组织利益、自主与服从、公平与效率、自由与责任等关系。

6.4.3 科技控制伦理

控制是重要的管理职能之一。科技控制是指为了达到一定的科技管理目标，科技管理者监督和调整各项科技活动以保证它们按科技计划进行并纠正各种重大偏差的过程。科技控制要依据一定的价值目标为标准，来衡量和评价科技管理活动的"实然"与科技管理价值目标的"应然"之间的差距，并采取措施纠正这一差距。因此，科技控制实质上是科技管理主体依凭一定的价值观对科技管理系统的主动的、创造性的管理活动，其作用对象是科技管理活动的客体——人及其行为。因此，在一定意义上来说，科技控制活动就是一种科技管理伦理的评价和监督过程。

在市场经济条件下，科技控制的力量主要来源于市场经济、政策法规和社会伦理道德三个方面。市场经济依靠"经济人"假设，运用价值价格规律调节科技管理的运行，将社会资源分配给那些易于获得效益和物质财富的科技领域中去，这只"看不见的手"发挥对科技管理的基础性的调控作用。科技政策法规作为政府对市场经济调控的杠杆，以公共利益为核心对市场调控的局限性进行补充，安排公共产品的生产，克服市场垄断和负面的外部效应，这只"看得见的手"为市场经济的正常运行创造良好的环境。科技伦理作为人与组织自觉调整相互之间的行为规范和内心的准则，以习俗、舆论和内心信念的方式，发挥对经济社会合理性和合法性论证的作用，这只"若隐若现的手"能够开发人的精神世界、安顿人的生命家园，为整个社会的发展奠定人的内心基础。在科技控制过程中，科技管理主体根据一定的道德要求及其相应的规范，解决对科技管理系统的内在秩序的稳定和维护问题。科技控制伦理应解决、也能够解决（相对于科技政策与法规）未雨绸缪、事前控制，尊重权利、柔性控制，全面和谐、自觉控制等问题，使科技管理控制更加有效。特别是当前在高科技产品的社会应用方面，就需要科技控制伦理制约，以防止它们被滥用，造成对社会的各种伤害，要制定科学技术的使用标准、伦理原则和建立伦理评估制度，以保证科技管理的主客体都能够自觉地贯彻科技管理伦理原则。例如对纳米科技的管理问题，应当借鉴对待克隆技术的经验和教训，尽早进行有关纳米科技管理伦理的道德标准和制度伦理建设，以使社会对纳米技术的控制能够有一个伦理判断的依据。目前世界上对克隆技术的控制伦理应对措施主要有：（1）敦促在全球范围内全面禁止生殖性人类胚胎克隆试验，达成有效的、尽可能广泛的全面禁止克隆人类胚胎协议；（2）加强克隆技术研究，克服技术局限。德国由于禁止从事基因方面研究的法律实施仅三年，就导致在这个领域中落后于先进国家，因此于1993年取消了这一法律；（3）为防止基因技术的滥用，制定一套相应的管理办法特别是严格的法律而不是禁止克隆技术研究；（4）设立相关的专门委员会机构。一些发达国家早已成立了国家级的"生命伦理委员会"，负责审理监督有关生命科技研究的重大问题。我国也应尽早成立直属于国务院的专门的"生命伦理委员会"，以加强对克隆技术的有力促进和管理；（5）要认真研究克隆人对人类社会产生的利弊，以及克隆技术带来的各种可能性后果。建议在国务院"生命伦理委员会"下设专门的克隆技术社会伦理研究中心，并拨付必要的研究经费，着重加强克隆技术的社会伦理研究；（6）加紧相关立法的论证、调研工作，审慎出台相关法律制度[1]。这对于纳米科技以及科技前沿的管理伦理控制都是有参考价值的。

上述三种科技管理伦理问题，是科技管理伦理问题的一般性表现。针对这些问题制定管理伦理准则和规范，是科技管理伦理建设的核心内容，也是科技管理伦理的宗旨所在。

---

[1] 李醒民，胡新和，刘大椿，殷登祥. 科学，技术与社会发展笔谈[J]. 中国社会科学，2002，1：20－30

6.5 科技管理伦理研究的前景

6.5.1 科技伦理问题研究的管理转向

科技管理是人依据一定的目标和科技发展规律，对科学研究、技术创新以及产品转化过程进行的有目的、有意识的决策、组织和控制活动。在这一过程中，由于人对科学技术不同需要的满足而产生的利益冲突，是科技伦理问题生成的前提。只有在人有意识的、自觉自愿的、有自由选择的活动中才能产生伦理问题。同样，只有在人有目的、有意识地对科技活动的方向进行选择的过程中才会发生价值问题。因此，科技伦理的逻辑前提是以人为主体对科学技术进行的管理活动，而不是人与无自觉意识而存在的自然环境或科技知识体系及其成果的关系问题，也不是人们对无法预测的知识风险与技术局限性的抽象责任问题。从这个意义上来看，科技管理是衔接科技与伦理的桥梁与中介，没有人对科学技术的管理，就谈不上科技伦理；没有人对科学技术的管理，也找不到伦理道德对科学技术发挥作用的着力点。因此，对科技而言，管理与伦理是存在与意识、理论与实践、物质与精神、科学与价值之间的关系的科学，科技管理伦理是解决科技管理过程中伦理问题的原则和方法。

由此而言，科技管理既是科技伦理问题的前因，也是解决科技伦理问题的症结所在。只有找到科技管理中道德与利益关系冲突的根源，同时，也只有在科技管理活动中提出并确立伦理价值目标，才能从根本上解决这些问题。就是说科技管理伦理化——科技管理活动选择正确的价值目标、松紧有度地协调好各方面义利关系、使人们在科技领域的道德活动有所遵循，科技伦理管理化——将正当合理的伦理道德准则贯穿到科技管理的具体过程中去，如决策标准、组织原则、控制依据中去，指导实践，这是从认识和实践两个起点出发解决当代科学技术社会面临的伦理危机的一条殊途同归的进路。如果单纯地从科学技术中寻找答案，或者单纯地从伦理道德中寻找答案，甚至硬性地将伦理学的研究对象拓展到自然、植物和动物(非人类中心主义)，将价值强加于这些非主体性的事物之上的做法，不仅是人类的一厢情愿，也将适得其反。

6.5.2　科技管理伦理学体系建构

科技管理伦理理论的体系框架，主要包括以下五个方面的内容：

第一，科技管理者是科技管理伦理的主体。科技管理伦理的道德原则与规范都是从科技管理者伦理化管理实践中抽象出来，反映科技管理的一般伦理要求，上升为一般原则和规范的。因此，科技管理伦理从某种意义上来说，就是科技管理者应当自觉遵守的行为规范，它在科技管理伦理中具有主体性地位并发挥主导性作用。科技管理者主要包括政府、企业、大学和科研院所、科技共同体以及其他科研组织中具有决策地位和权利的科技管理人员。由于不同科技组织的管理目标不尽相同，科技管理者的管理伦理要求有所不同，但总体上是相通的。

第二，科技管理中的各种利益关系(伦理关系)是科技管理伦理调节的对象。随着科学技术在国家发展和人民生活中的地位和作用越来越重要，其所涉及的人与人之间的利益关系也愈益深入，矛盾更加突出。科技管理中的伦理关系包括科技风险与科技工作者的道德责任、科技管理目标确立中的公平与效率的关系、科技成果社会应用中的义利选择以及科学研究与技术创新过程中科技工作者的道德修养等问题，归纳起来，可以包括科技决策中的伦理关系，科技组织设计及制度运行中的伦理关系以及科技控制中的伦理关系三大方面。

第三，科技管理伦理原则与规范。这是科技管理伦理的核心内容，是科技管理者在科技管理实践中应遵循的行为准则。这些原则和规范不是任意拟定的，是从长期的、大量的科技管理伦理实践中抽象和总结出来并加以理论论证的，是符合人类长远发展的根本利益要求的。这些原则和规范的提出，有利于科技伦理制度化、操作化(管理化)，也有利于科技管理伦理化、哲学化。

第四，科技管理伦理的实现机制与途径。科技管理伦理不仅仅是伦理原则和道德规范，如果是这样，与科技伦理无异。它是渗透于科技管理过程的一切环节之中的伦理准则与道德规范，是科技管理不可缺少的重要组成部分。因此，科技管理伦理运行机制及其实现途径(科技管理伦理价值导向的政策化、科技管理伦理准则的制度化、科技活动后果的监测、科技管理伦理人才素质的培养等)是科技管理与科技伦理融合的融会点，离开它，科技管理伦理无法付诸实施。

第五，具体科技管理实践中的伦理问题，如科研管理、技术转化和应用、工程实践、科学技术交流与合作、科技人力资源开发与管理以及具体的科学技术领域和活动管理中的伦理问题等，分析这些问题产生的原因和探讨管理伦理对策是科技管理伦理的重要任务。

科技管理伦理是科技伦理与科技管理的交叉学科领域。科技伦理以科技工作者在科技发展中的道德责任与道德规范为研究对象，科技管理以实现科学技术的最大效率为目标，前者是强调价值管理，后者强调管理价值。科技管理伦理则将二者结合起来，以科技管理活动中所面对的各种利益关系为对象，在遵循管理规律的基础上，提出科技管理者行为的道德原则与规范，为效率原则找到更深层的价值目标，弥补了科技伦理实践形态不足、科技管理价值论证浅近的不足的双重遗憾。

6.5.3 科技管理伦理运行机制及其应用

科技管理伦理运行机制是科技管理伦理发挥作用的方式和机理，它决定了科技管理伦理建设的途径和空间。

科技管理伦理调节系统由科技管理伦理主体、科技管理伦理职能、科技管理伦理环境三大部分组成，其运行机制分内部机制与外部机制。内部机制由微观机制和宏观机制构成。微观机制指科技管理者的个体道德调控机制，主要包括个体道德心理机制和个体道德人格机制，是宏观道德调控的内在基础。宏观机制是社会道德调控机制，包括道德舆论、传统习俗、道德责任和道德评价等社会赏罚机制。外部机制主要包括市场、政府和法律调节机制（见4.2.3，p.80）。依据上述机制，可以逻辑地推出制定科技管理伦理规范、建设科技体制伦理、加强科技政策的伦理导向、建立科学技术伦理预见和评估系统、开展广泛的科技管理伦理教育是科技管理伦理建设的重要途径。

纳米科技发展及其应用产生的具体伦理问题，纳米科技管理的特点决定了纳米科技管理伦理研究对于高科技管理伦理研究具有一定的典型性，通过对科技风险与责任、科技效率与公平、科技规范与制度、科技成果与监督四个方面纳米科技管理伦理问题的分析，将在一般科技领域中具有共性的科技管理伦理问题概括为科技决策伦理、科技体制伦理、科技控制伦理三大方面的建设问题，这将是论文下一步将深入研究和解决的问题。

总之，科技管理伦理作为一个新的交叉研究领域，还需要进行大量的理论研究和实践经验总结，本研究只给出了一个大致的研究方向和思路，应当说还是比较粗糙的。只能说，这一研究思路的打开，给未来的研究奠定了几种可能性基础。例如还有以下一些伦理理论和实践问题需要更深入的回答：

第一，建立科技管理伦理的哲学和方法论基础。全面系统地回答科技管理伦理关于科学与价值、理论与实践、目的与方法等核心问题，构建具有独立的学科内涵的科技管理伦理学理论体系。目前为止，还没有人从哲学和方法论的角度系统地研究科技管理伦理问题，很多研究局限于对具体科技领域伦理挑战的回应。因此，建立科技管理伦理研究的哲学基础，从根本上找出科技管理伦理调节的学理性依据，对于科技伦理、科技管理、管理伦理以及科技管理伦理学科理论体系都将具有极大的促进作用。

第二，挖掘中国传统科技管理伦理思想资源。由于科技伦理问题主要肇发于西方现代化过程之中以及科技发达的西方国家，弥补其科学理性型偏执的文化基因应当深藏于中国传统伦理思想之中，下工夫梳理这些思想，论证到科技管理伦理产生的历史必然性及其未来使命，是一项工程浩繁、需要时间的工作。

第三，制定较为完善的科技管理伦理准则。深入调查与研究当前不同科技领域的管理伦理问题的具体表现，针对各个不同科技领域管理伦理问题的特点，研究制定出系统的科技管理伦理准则，并将这些准则渗透到具体的科技管理组织和制度条文之中，对现实的科技管理活动提供理论指导和行为规范。